天工开物活动手册

李倩 编　　王敏如 绘

SPM 南方传媒　新世纪出版社
·广州·

目录

扫码一起做实验

我的小麦观察笔记

种下的小麦种子从第（　　　）天开始发芽了。

实验任务

种子种下后，开始记录小麦的变化吧！

注：为方便观察，可选用透明容器作为花盆。

第　　天

把小麦种子画下来吧。

第　　天

观察一下它的根和叶，用尺子量一量它们的长度。

第　　天

叶又长长了（　　　）厘米，又发出了（　　　）片新叶。

第　　天

第　　天

小麦的根是不是越来越长，越长越多了？根和叶的生长有没有什么规律？

第　　天

第　　天

第　　天

第　　天

请撕下下一页，参考视频 DIY 小书。

麦香悠远

小麦种子

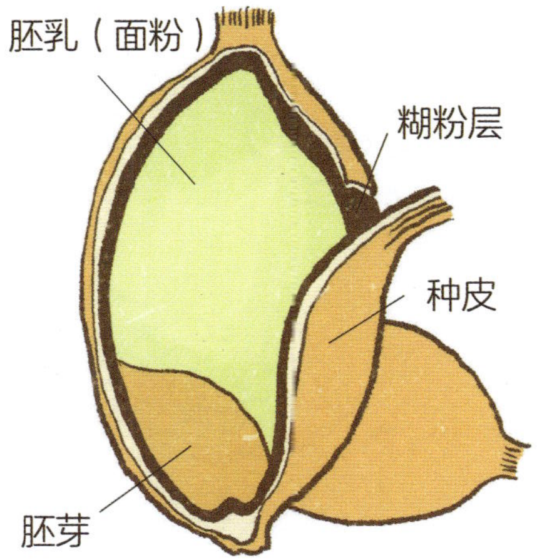

1

小麦的花

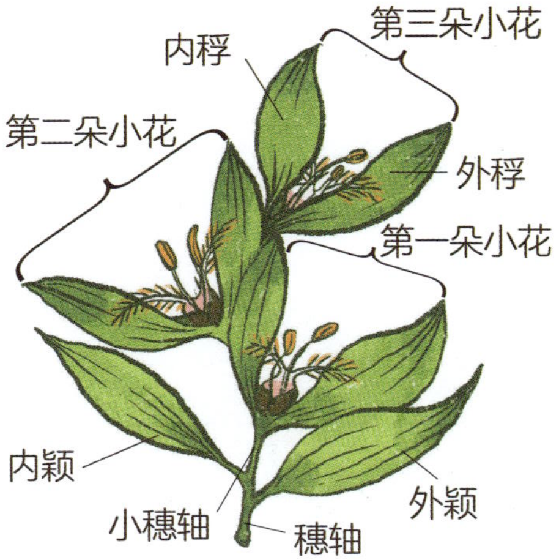

2

3

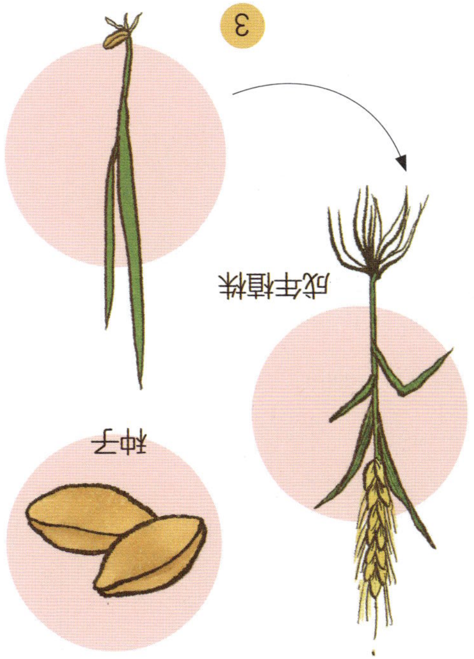

小麦的成长过程

4

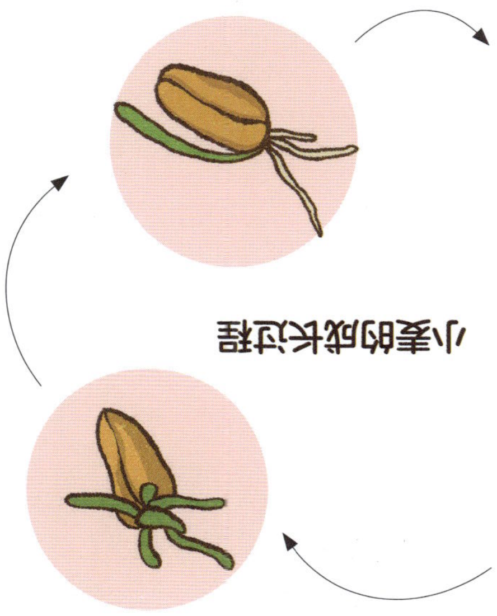

用小麦做成的食物

5

6

“粒粒皆辛苦”，从我做起珍惜粮食，将光盘行动进行到底！

水稻种子

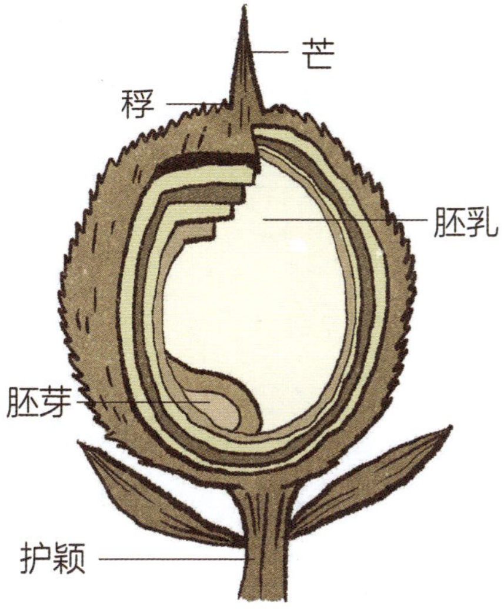

1

水稻的花

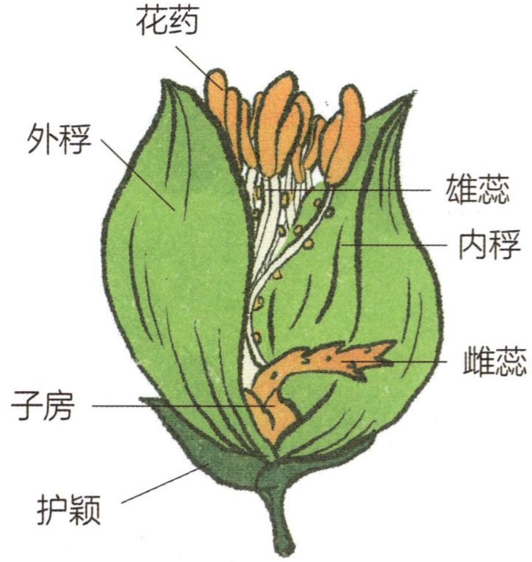

2

水稻的成长过程

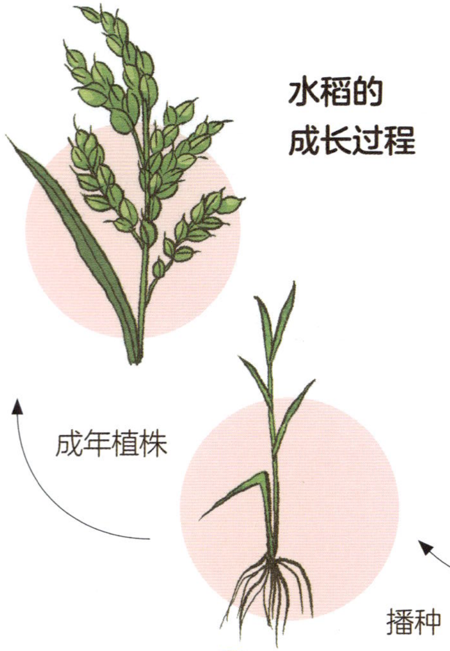

3

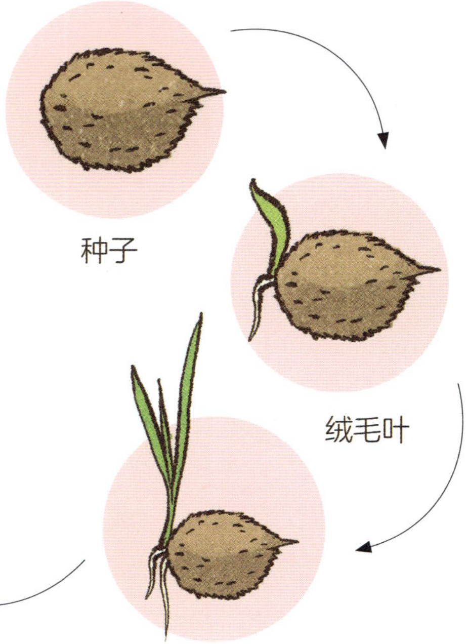

4

用水稻做成的食物

6

5

人 就 像 种 子，
要做一粒好种子。
——袁隆平

稻香轻语

为什么木砻的上下接触面上要有像这样的纵斜齿呢？完成下面这个实验或许你就找到答案了。

1. 拆下下面的纸卡，沿虚线把它来回翻折再展开，模仿纵斜齿的波浪纹。

2. 把带有褶皱的纸卡贴在硬纸板的一边，旁边贴一张光滑的白纸。

3. 把纸板一端的下面垫高，让两个乒乓球分别沿着褶皱坡面和光滑坡面同时滚下，看看谁最先滚下去。

是不是有褶皱的一边乒乓球滚得比较慢？这是为什么呢？

这是因为乒乓球在纸面上运动时会产生摩擦力。接触面越光滑，摩擦力就越小；接触面越粗糙，摩擦力就越大。木砻接触面上的纵斜齿可以增加摩擦力，刚好利用摩擦力给谷物脱壳。

多样的盐

从不同地方采收的盐，里面含的矿物质不同，颜色和模样也不同。

粗盐　玫瑰盐　红盐　灰盐　黑盐

当盐碰上蔬菜
（蔬菜脱水实验）

盐能让蔬菜里的水分跑出来。一起做个实验吧！
把黄瓜切成片，撒上盐，均匀搅拌，等待一会儿，观察它们的变化。
在你观察到的现象下面打钩吧！

（　）　（　）

当盐碰上水
（盐溶解实验）

把 1 勺盐放入 1 杯水中，慢慢地，盐溶解在水里看不见了，水也变咸了。试一试往水里加更多的盐，2 勺、3 勺……看一看，这些盐都能完全溶解吗？

盐没有继续溶解在水里，而是沉淀在杯子底部，这是因为盐水饱和了，这样的盐水就是饱和盐水（这里的饱和盐水不要浪费，可以继续做盐的结晶实验）。那么小朋友们想一想，海水是饱和盐水吗？

当鸡蛋遇到盐水
（盐水的密度实验）

把两个鸡蛋分别放入一杯清水和刚才那杯加了盐的水中，观察鸡蛋在盐水中的位置，请在下面两幅图下的括号里，打钩选择你观察到的现象。说一说：为什么会出现这样的现象呢？

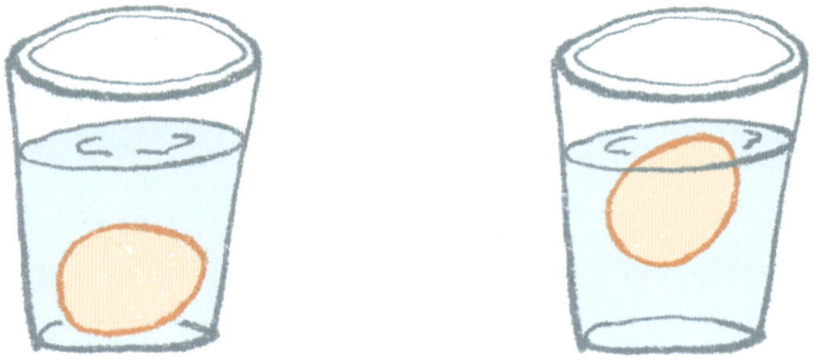

（ ）　　　　（ ）

盐水的结晶
（盐水结晶实验）

1. 把扭扭棒折成自己喜欢的形状。
2. 将折好的扭扭棒放入饱和盐水中煮一段时间，煮完后拿出来晾干。
3. 几个小时后，盐粒就在扭扭棒上结晶了。

当糖水加热（糖的溶解实验）

1. 把糖和水按 2∶1 的比例混合。
2. 加热糖水。
3. 观察糖水的变化。
4. 根据观察到的糖水变化，给下面的图排序。

接下来我们画糖画。

用一个小纸团在糖画卡上随意一扔，扔到哪张画就试着画一画。或者拆下这张卡，画它背面的这只糖蝴蝶。

糖画制作步骤：

1. 烘焙硅油纸铺在蝴蝶上。
2. 熬糖：糖与水按 2:1 的比例放入锅中，小火熬至焦黄，待糖浆滴入凉水中可以马上变硬时，即可开始作画。
3. 把糖稀倒入纸杯，将纸杯口压扁，以便把糖倒出作画。
4. 最后将纸棒固定在糖画上，等待糖稀变硬。

糖画转盘

注：本页实验需家长陪伴。

糖画卡

实验材料：

食用油、透明玻璃杯、食用色素、搅拌棒、纸杯、水。

实验步骤：

1. 在纸杯里倒入食用油。
2. 滴入不同颜色的食用色素，快速搅拌，让它们混合。
3. 在透明玻璃杯中装水，把混有色素的油轻轻倒入水中，静置一会儿，观察杯子中的变化。
4. 把这些不同形状的卡片拆下来，慢慢地插入水中，再拿出来，观察卡片上的变化。
5. 卡片晾干后再看看，有什么发现？

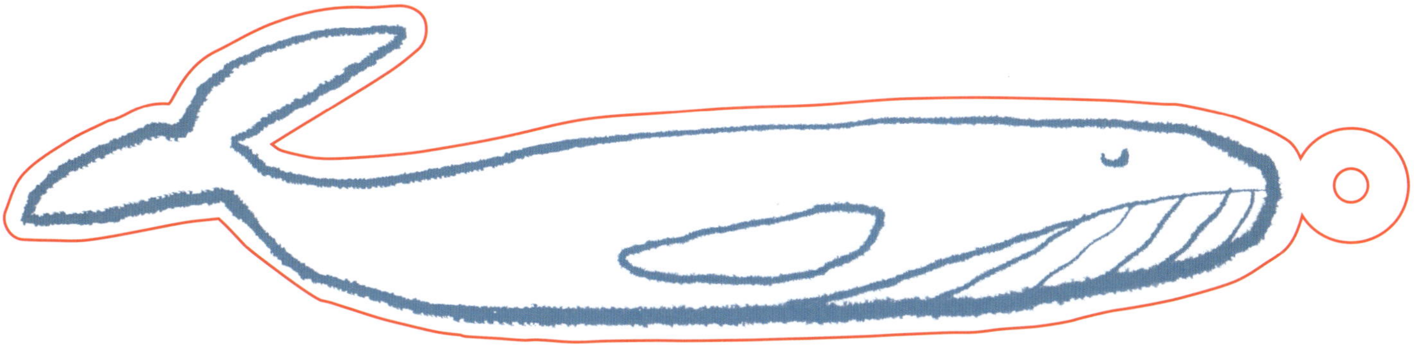

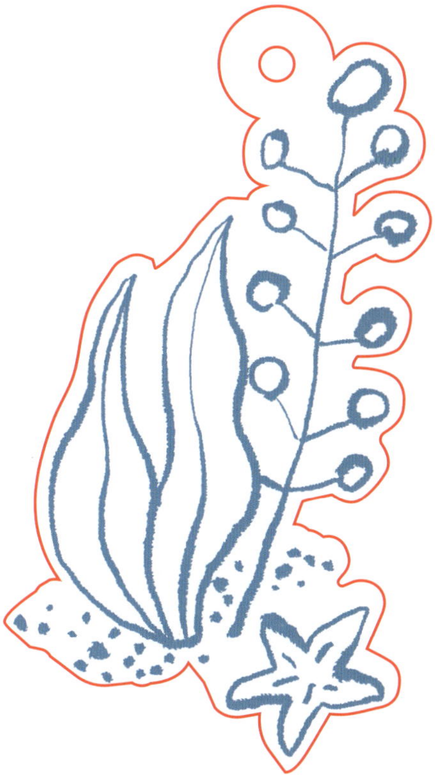

问题：

1. 为什么杯子静置一会儿后会看到“彩虹雨”？
2. 为什么浸过油的纸片变得透明了？

实验原理：

1. 油水不相溶，色素和油始终保持分离，当色素碰到油和水的边界时，由于色素的密度大于油，色素又溶于水，于是色素慢慢落下逐渐溶于水，就让我们看到漂亮的“彩虹雨”了。

2. 油逐渐填满了纸纤维的空隙，使纸纤维空隙跟纸纤维的折射率差值变小，折射率差值越小，纸的透明度就越高。

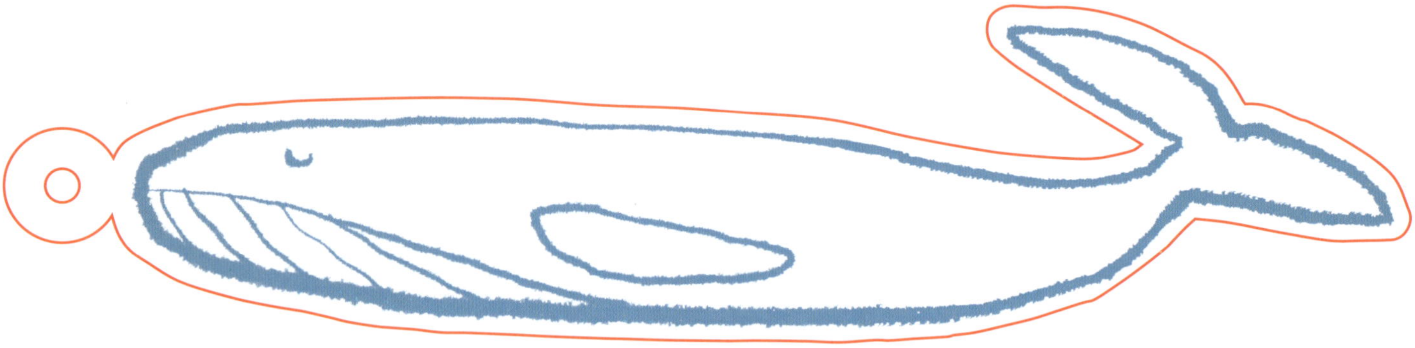

第六章 乃服 观察蚕宝宝的一生，体验手工织布

蚕宝宝成长记录表

日期	生长发育期	蚕儿体长	总结	备注
5月1日	幼虫期（一龄）	0.3~0.5厘米	一龄约4天。其中吃桑叶时间有3~3.5天，一眠1天。	**蚕宝宝孵化** 刚刚孵化出来的蚕宝宝身体又黑又小，形如蚂蚁，人们形象地称它们为“蚁蚕”。
5月2日				
5月3日				
5月4日	幼虫期（一龄，一眠）			**首次入眠蜕皮**
5月5日	幼虫期（一眠，二龄）	0.5~1厘米	二龄约4天。其中吃桑叶的时间有2.5~3天，二眠1天。	**二龄生活** 沉睡1天后的二龄蚕整个身体从头到脚都焕然一新——新头壳、新皮肤。
5月6日	幼虫期（二龄）			
5月7日				
5月8日	幼虫期（二龄，二眠）			**第二次入眠蜕皮**
5月9日	幼虫期（二眠，三龄）	2~3厘米	三龄约5天。其中吃桑叶的时间有3~3.5天，三眠1天。	用熟石灰粉给蚕宝宝的生长环境消毒。
5月10日	幼虫期（三龄）			
5月11日				
5月12日				
5月13日	幼虫期（三眠）			**开始三眠** 进入眠中的蚕头胸交界处会出现一个浅褐色三角区域，这个三角区域就是皮肤下正在形成的新头部。
5月14日	幼虫期（三眠，四龄）	4~5厘米	四龄约6天。其中吃桑叶的时间有4天，四眠2天。	四龄蚕如遇蜕皮困难要注意喂养环境是否过于干燥。要喂新鲜桑叶，及时清除枯叶以及蚕沙（蚕宝宝的屎）。
5月15日	幼虫期（四龄）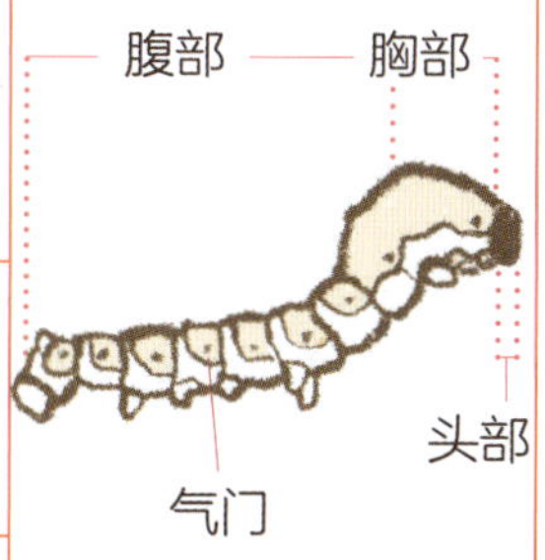			可以清楚看到蚕宝宝皮肤底部为白色，身体分为头、胸、腹三个部分。头部在身体前端，呈黑褐色，小小的、硬硬的。胸腹部共有13个环节，第1～3环节为胸部，第4～13环节为腹部。
5月16日				在蚕宝宝身体的第1环节和第4～11环节两侧的下端，身体左右对称出现黑点，这些黑点是它们的呼吸器官，叫作“气门”。
5月17日				蚕是冷血动物，又叫变温动物，它们适合生长在23～27摄氏度的环境中。因此，春天是蚕儿特别喜欢的季节。
5月18日				**快四眠了**
5月19日	幼虫期（四眠，五龄）			

日期	生长发育期	蚕儿体长	总结	备注
5 月 20 日	幼虫期(四眠，五龄)	6~7 厘米	五龄约 8 天。其中吃桑叶的时间有 7 天整。结茧前停止吃桑叶，熟蚕身体收缩，呈半透明状。	进入五龄后，蚕宝宝食欲大长，每天都要吃许多的桑叶，身体明显比前几龄长得快，一天一个变化。
5 月 21 日	幼虫期（五龄）			蚕宝宝总共有 8 对足，其中胸足 3 对，腹足 5 对。胸足尖尖，主要用于吃桑叶的时候稳定桑叶；腹足圆圆，主要用于爬行或固定身体。
5 月 22 日				蚕宝宝也是有心脏和血液的，背部一闪一闪而动的部分就是蚕的心脏。它们的血液是无色或淡黄透明的黏稠液体。
5 月 23 日				
5 月 24 日				
5 月 25 日				
5 月 26 日				蚕宝宝快“熟”了
5 月 27 日	幼虫期(五龄，吐丝)			吐丝了
5 月 28 日	蛹期（吐丝）	2~3 厘米	从吐丝结茧起，蚕宝宝后期都不会再吃桑叶了。完成吐丝需要 3 天整，然后开始化蛹，蜕去蚕皮，接着继续化蛹，再进入化蛾阶段。	经过 3 天努力，蚕宝宝终于为自己建好一座结实的小屋。在整个过程中，蚕宝宝变换了 250 ~ 500 次位置，吐出了 6 万多个“8”字形丝圈。
5 月 29 日				
5 月 30 日				
5 月 31 日	蛹期			刚化蛹时，蛹体软嫩，体色乳白。
6 月 1 日				渐渐地，蛹体变成淡黄色、黄色、黄褐色、褐色，蛹皮也逐渐变硬……
6 月 2 日				
6 月 3 日				
6 月 4 日				
6 月 5 日				
6 月 6 日				
6 月 7 日				
6 月 8 日				
6 月 9 日				
6 月 10 日	成虫期 	1.5~2.5 厘米	羽化成蛾，蜕去蛹皮，出茧后待翅膀伸展。雌雄交配，雌蛾产卵。	雌蛾一次性可以产下 400 ~ 600 粒卵。
6 月 11 日				
6 月 12 日			生命结束。	

体验手工织布

按照下面的步骤体验手工织布的乐趣，理解经线（纵向线）、纬线（横向线）是通过怎样的排列织成布的。

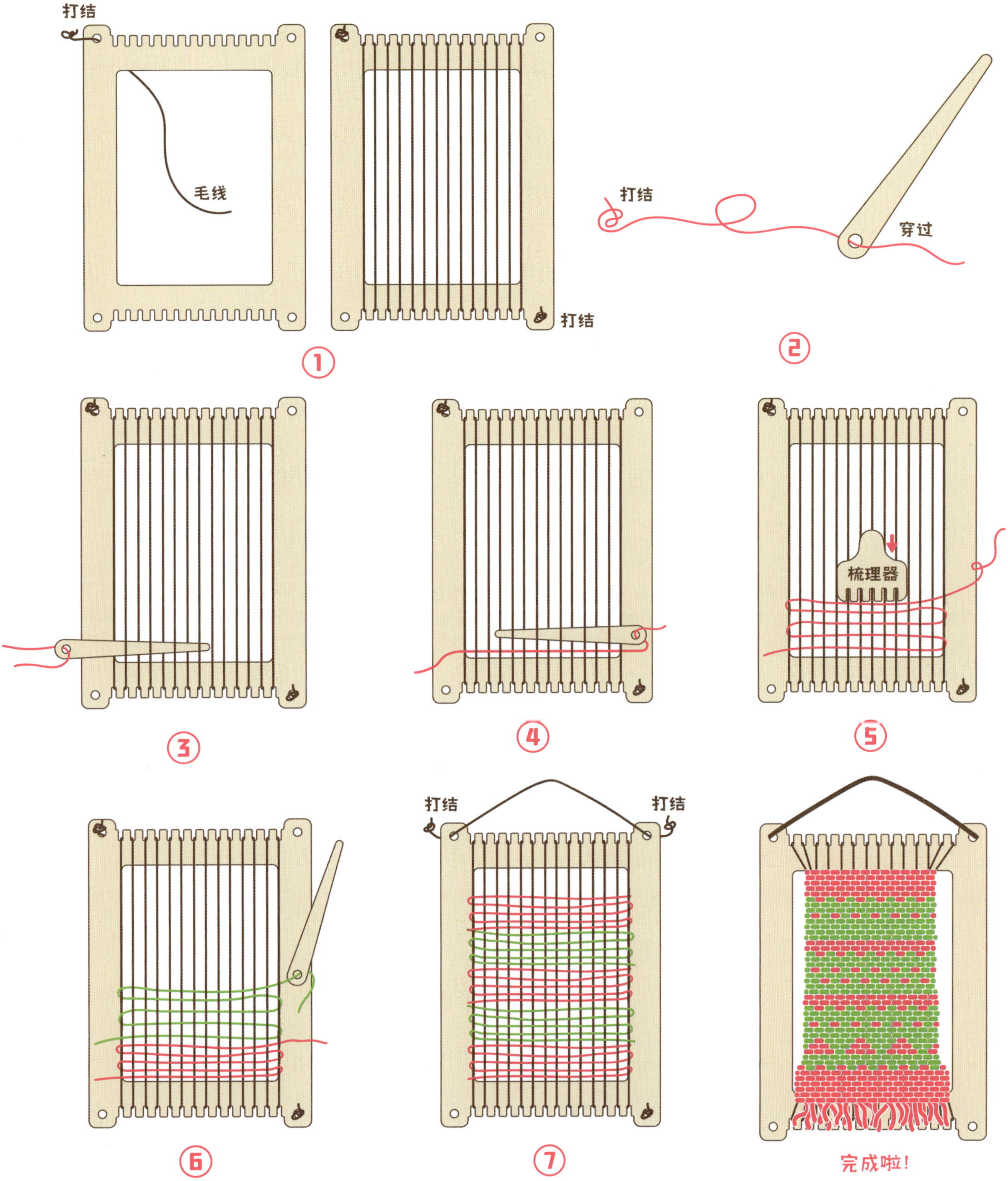

看懂步骤图解之后，可以拆下位于封底的编织板，做一个简易织布机。找一些线，开始体验织布吧！

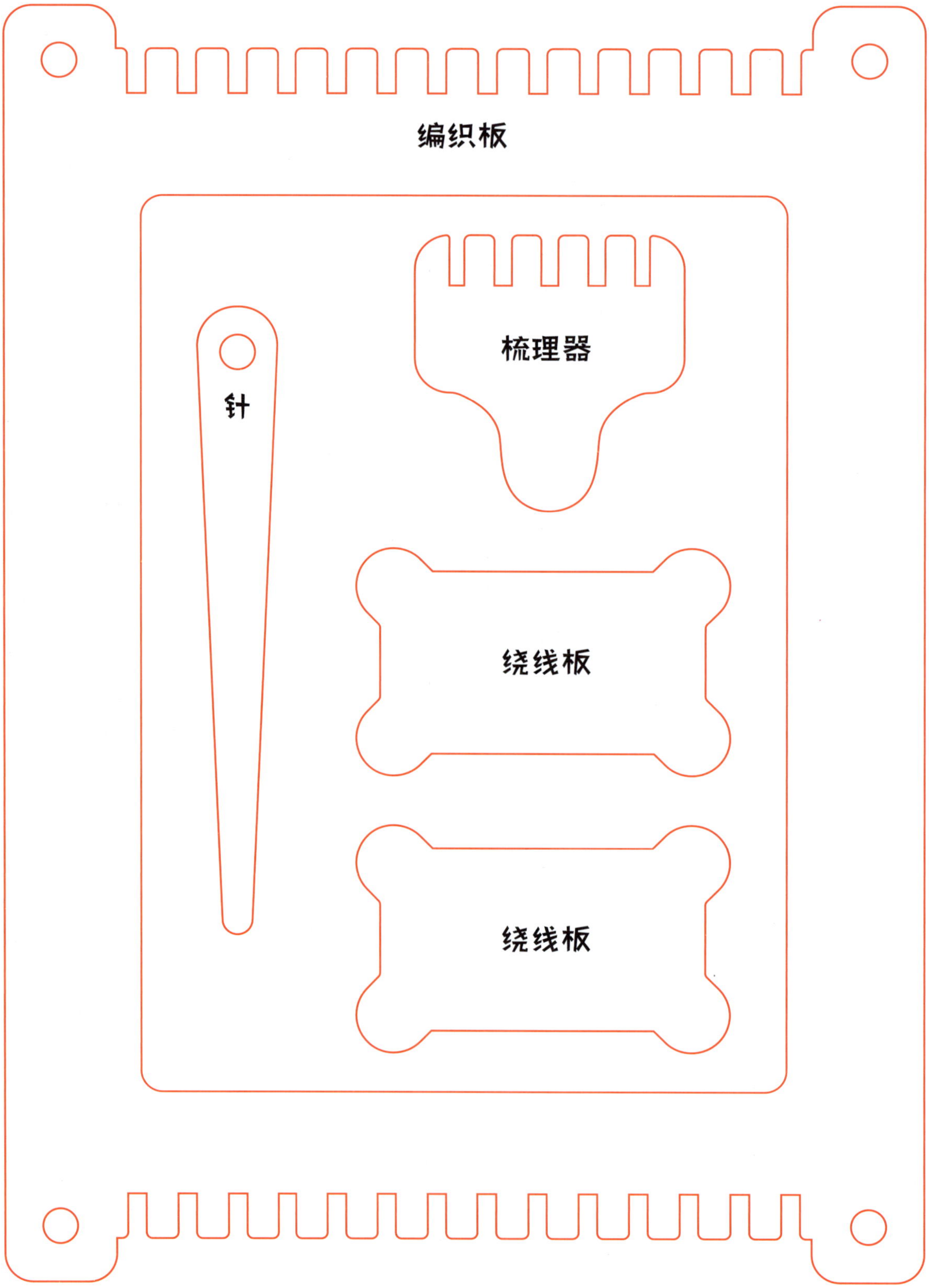

第七章 彰施 寻找大自然的颜色

到大自然中去寻找与卡片颜色对应的植物，在爸爸妈妈的帮助下得到它们的名字并记录下来吧。

为什么植物会有不同的颜色呢?

这是因为一种特殊的物质——生物色素，如类胡萝卜素、类黄酮、叶绿素、甜菜色素等等，它们在太阳的照射下吸收并反射不同波长的光线，再加上生长环境和色素含量各有不同，所以植物就展现出如此多样美丽的颜色了。

类胡萝卜素通常呈现黄色、橙色、红色。

类黄酮可呈现黄色、橙色、红色、紫色和蓝色。

甜菜色素通常呈现深红色。

叶绿素可呈现深绿至浅绿的颜色。

第八章 五金 制作矿石标本卡

来看看金、银、铜、铁、锡矿石到底长什么样子，根据书上的图片和你能获得的信息，制作它们的标本卡吧！如果有机会，也可以收集以下矿石，仔细观察，并贴在卡片上。

名称：
颜色：
透明度：
光泽：
硬度：

金矿石

名称：
颜色：
透明度：
光泽：
硬度：

锡矿石

名称：
颜色：
透明度：
光泽：
硬度：

铜矿石

名称：
颜色：
透明度：
光泽：
硬度：

铁矿石

名称：
颜色：
透明度：
光泽：
硬度：

银矿石

第九章 冶铸 看古代铸造技术，翻模做植物浮雕画

中华文明大致经历了石器时代、青铜时代和铁器时代三个历史阶段。据历史考证，我国铸造技术开始于新石器时代晚期，迄今已有 5000 多年。到了晚商和西周初期，青铜的铸造技术得到了蓬勃发展，形成了灿烂的青铜文化。

中国古代的铸造方法

石型铸造、泥型（古称“陶范”）铸造、金属型（古称“铁范”）铸造、失蜡铸造和砂型（古称“泥范”）铸造等。

连连看

猜猜下面我国古代铸造中的精品器具使用的是哪些铸造方式。

沧州铁狮子
（五代后周大型铸件）

后母戊鼎
（商朝）

四羊方尊
（商晚期）

曾侯乙尊盘
（战国早期）

砂型铸造

金属型铸造

失蜡铸造

泥型铸造

石型铸造

沧州铁狮子 采用砂型铸造，以分节叠铸法浇铸而成。

后母戊鼎 采用泥型铸造，鼎身和鼎足是一次铸造而成的。

四羊方尊 肩部的龙及羊的卷角是用分铸法做成的，羊角是事先铸成后配置在羊头的泥型内，再合型浇铸的。

曾侯乙尊盘 尊体由泥型铸造而成，腹部 4 条龙则由失蜡铸造后，再通过铸接技术连接而成。

翻模做植物浮雕画

1.到户外捡一些喜欢的植物。

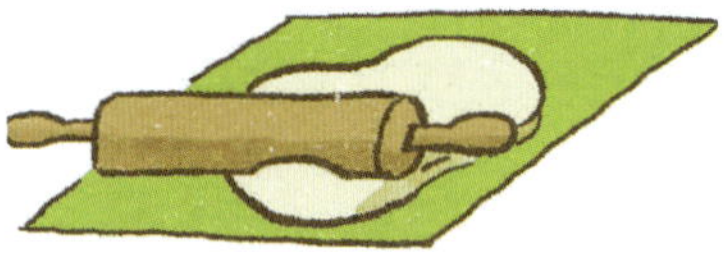

2.将陶泥放在铺有硅油纸的桌上揉一揉，让它变软后用擀泥杖擀平，整理成想要的形状。

3.把准备好的植物按自己想要的构图放在陶泥片上，按压。

4.清除掉陶泥里的植物。

5.用多余的陶泥做一个长条，给刚才的陶泥片做围栏，使它们紧密连接。

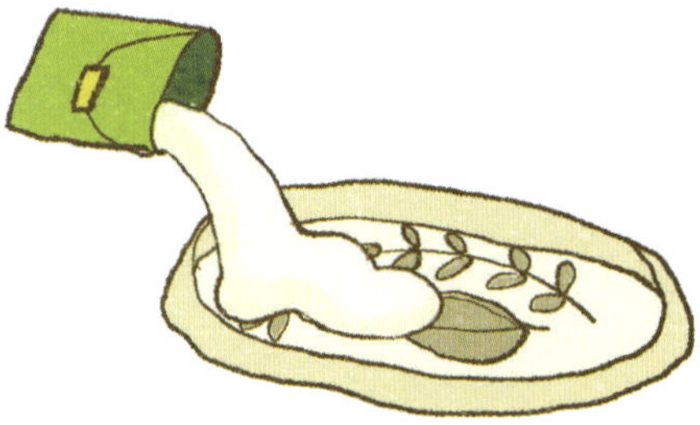

6.把石膏粉和水按10：3的比例混合，搅拌均匀后倒进陶泥凹槽内。

7. 等石膏干透去掉陶泥，完成脱模。

8.脱模后可以给立体的植物画上颜色，翻模植物浮雕画就完成了。

芜湖铁画 2006 年列入第一批国家级非物质文化遗产名录。铁画将铁片和铁线锻打、焊接成艺术作品，将民间剪纸、雕刻、镶嵌等各种艺术技法融为一体，采用中国画的章法，黑白对比，虚实结合，别有一番情趣。

来欣赏这件铁画作品吧！

用铁丝做猫咪

用铁丝比照下面图案，弯折成形。

想一想：为什么金属可以弯曲变形呢?

之所以金属可以被锤锻，主要是因为金属的延展性。这种性质是金属的重要特性之一。

第十一章 陶埏 认识古代陶器图案，设计自己的装饰符号

陶器的出现是从旧石器时代过渡到新石器时代的重要标志。原始人类在长期生产生活中获得了艺术创造的无尽源泉，他们把客观的事物提炼成艺术形象，并且使之符号化、程式化，以适合彩陶的装饰要求。

仰韶彩陶线条纹饰

萌芽阶段

宽带纹	箭头	双竖线	倒钩形	平行折线	波折纹	篦齿纹	植物纹
						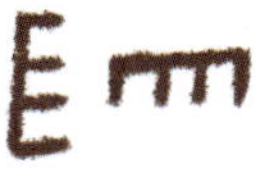	

发展阶段（以半坡类型为代表）

鱼身比例协调	睁眼张口	有头尾无鱼鳍	简化三角形	身体弯曲

单体鱼纹

两鱼平行叠压	两鱼重叠用一头	两鱼体重叠而无头	两鱼相対，呈带状	三条鱼重叠	四条鱼分两层并相接

多体鱼纹

鱼纹环绕	人头在鱼内

人面鱼纹

繁荣阶段（以庙底沟类型为代表）

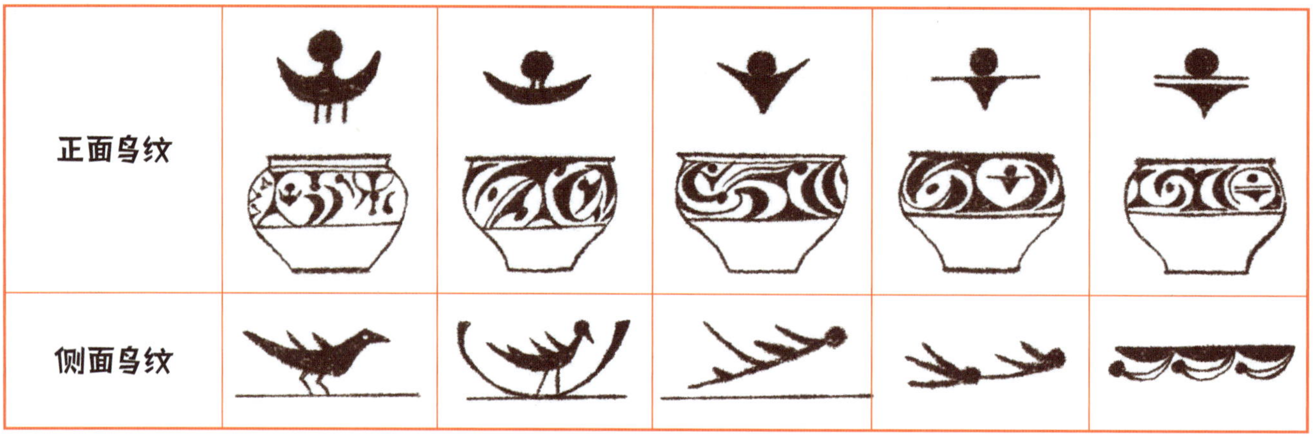

庙底沟类型鸟纹演变

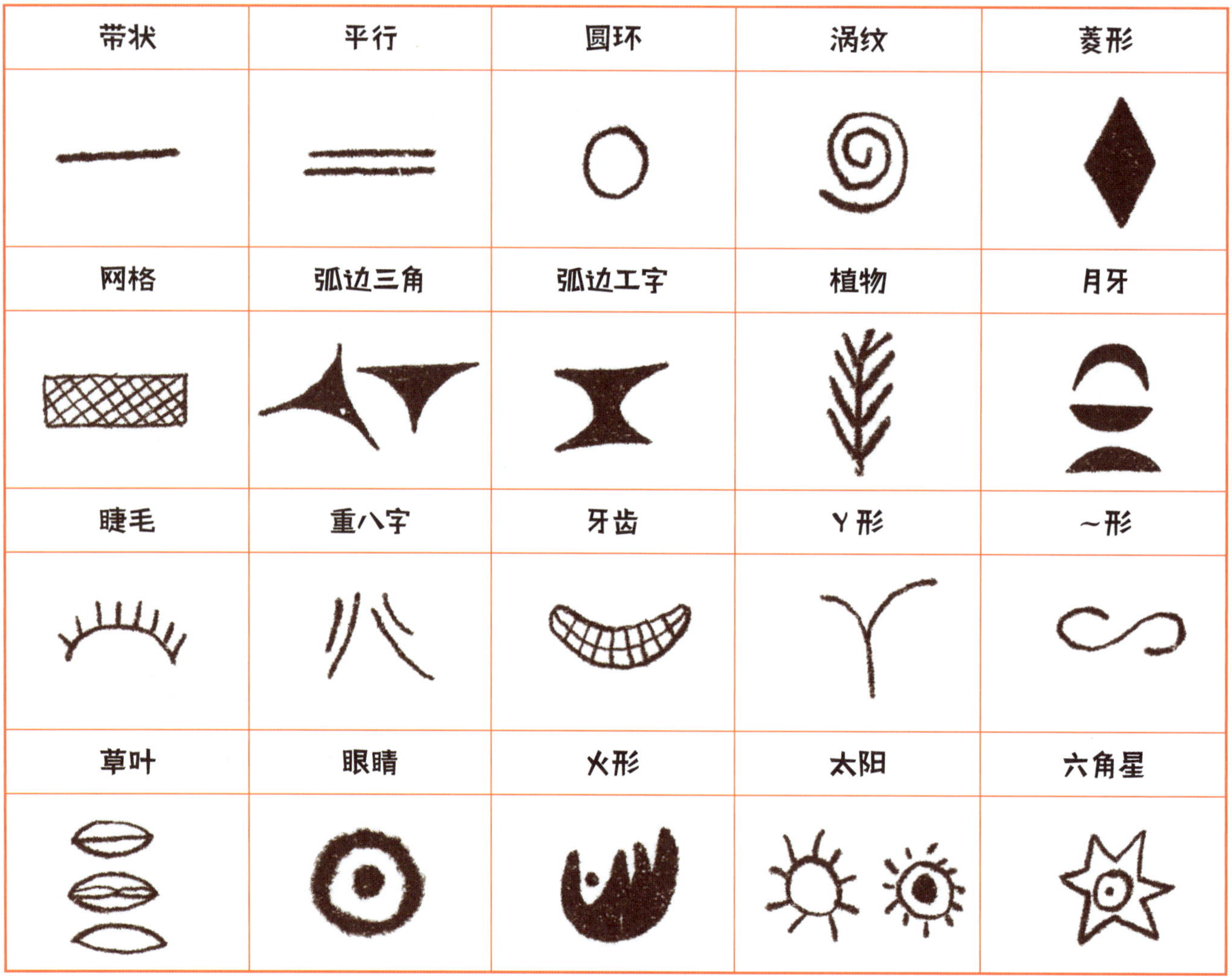

繁荣阶段基本线形图案

找找看，下面的陶器上都有哪些你认识的符号，把它们画在旁边的空白处吧！

鹳鱼石斧图彩绘陶缸

人头形器口彩陶瓶

人面鱼纹彩陶盆

舞蹈纹彩陶盆

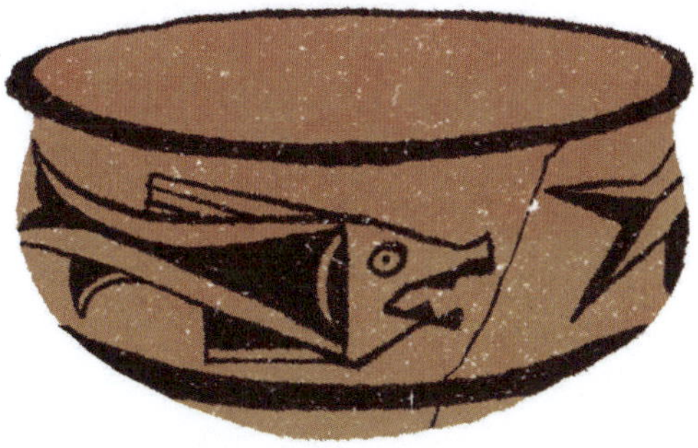
三鱼纹彩陶盆

船形彩陶壶

可以试着设计自己的人物、动物、植物符号，用画笔给这些陶器画上自己设计的符号吧！

想一想，能变成陶器的泥土都要具备哪些特点呢？（可以买一块陶泥，摸一摸、拍一拍，并形容一下你的感受吧。感兴趣的小朋友可以按以下步骤制作一个自己的陶盘。）

1. 取一些硅油纸铺在平整的桌面上，把陶泥放在硅油纸上揉捏。

2. 用擀泥杖或表面光滑的玻璃瓶，把陶泥擀成片，整理成你想要的形状。

3. 取一个盘子，垫一层硅油纸，把擀好的陶泥片放在里面按压，可以做出弧度。

4. 耐心等待1～2天，等陶盘干后把设计好的图案画上去。

5. 给陶盘上亮油，属于你自己的作品就完成了。

第十二章 燔石 制作“煤精”二十六面体“独孤信印”

煤精雕刻

中国是世界上发现、开采和利用煤炭最早的国家之一。古人对煤炭的利用从饰物、装饰品到生产生活燃料等方面逐渐增多，用途相当广泛。

从新石器时代晚期到唐宋时期，中国的煤雕工艺延绵不绝，出土的煤雕制品遍及全国广大地区，其中要以中国古代印章之最——独孤信印最为有名。

制作等边二十六面体“独孤信印”

1. 用红色蜡笔在这张卡片上涂满颜色，注意避开数字。
2. 沿模切线拆下这张卡片。
3. 用透明胶带覆盖整个蜡笔涂层。
4. 用黑色颜料在透明胶带上再覆盖一层，注意避开数字。
5. 沿蓝线折叠模型，按数字标号进行粘贴。
6. 等颜料干后，用牙签或笔尖刮出你要写的字。

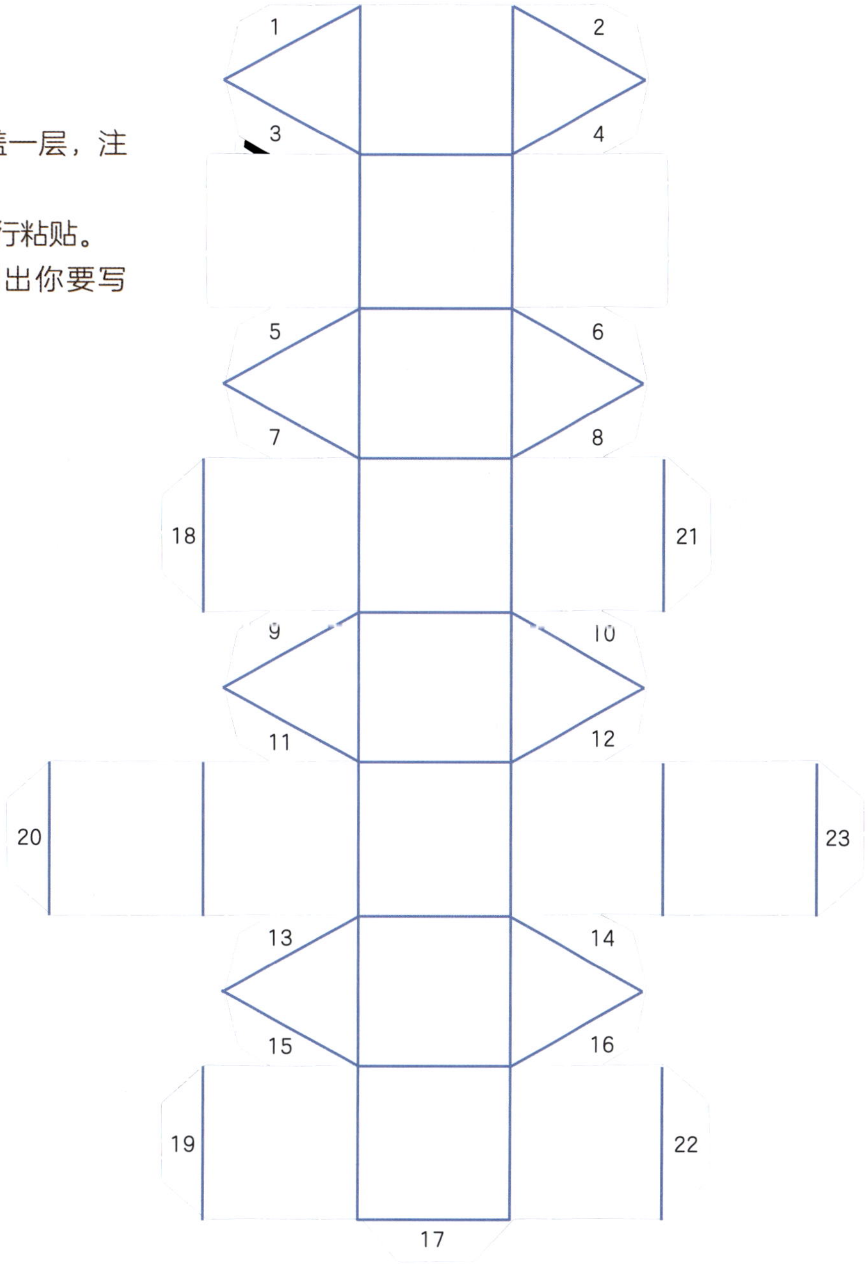

独孤信印

这是一枚煤精石印章，它的主人是北周有“史上第一老丈人”之称的独孤信。他的三个女儿分别嫁给了北周明帝、隋文帝杨坚和唐开国皇帝李渊的父亲。

此印集多印于一体，共有 26 个印面，是我国迄今为止印面最多、正文字数最多的印章。

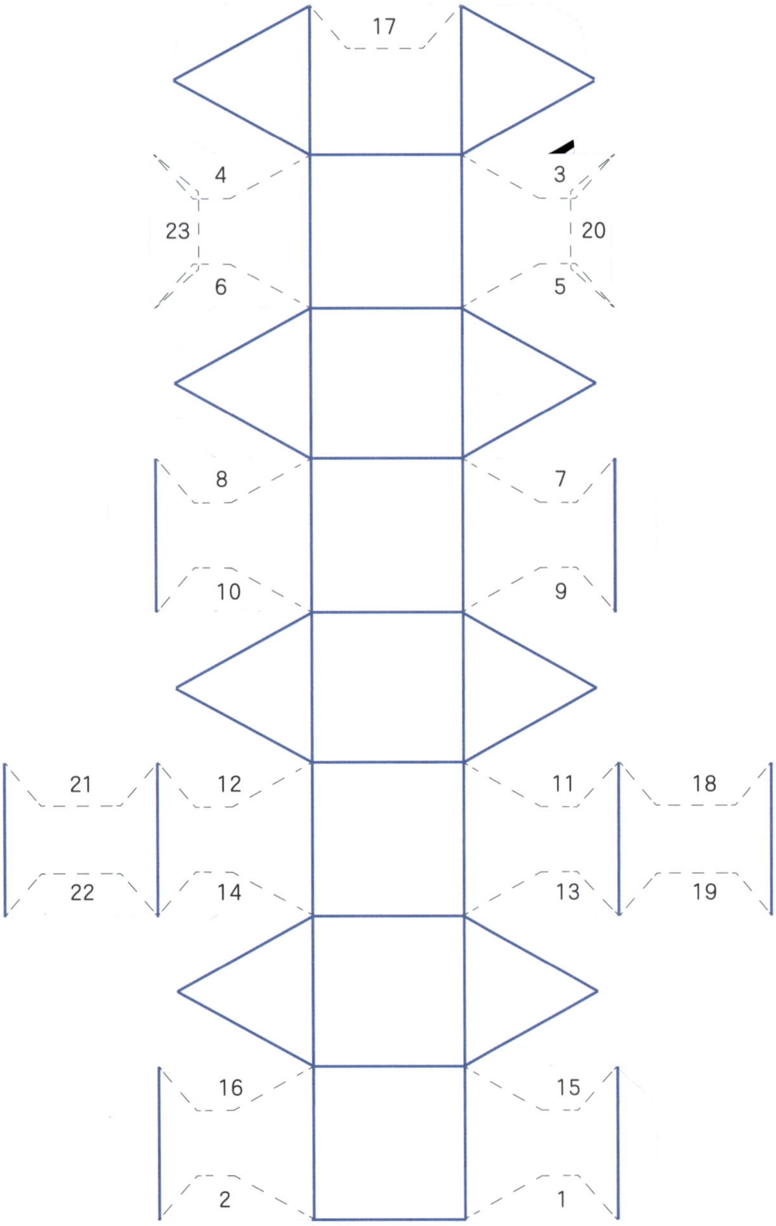

作为中国四大发明之一的造纸术，发明于西汉时期，东汉蔡伦进行了改进，他用树皮、麻头、破布和旧渔网等原料，经过挫、捣、炒、烘等工艺制造的纸，成本降低了，也更耐用了。到唐朝利用竹子为原料制成了竹纸，标志着中国古代的造纸技术达到成熟阶段。

竹子、楮树皮都能用来造纸，那其他材料呢？用甘蔗渣造纸试试？

实验步骤：

1. 将甘蔗渣收集起来并清洗，去除杂质和污垢。

2. 将甘蔗渣和水倒入搅拌机打碎。

3. 加入小苏打，大火猛煮。

4. 煮完后倒入水盆里并搅拌均匀。

5. 用纱网捞出，保证纸浆分布均匀。

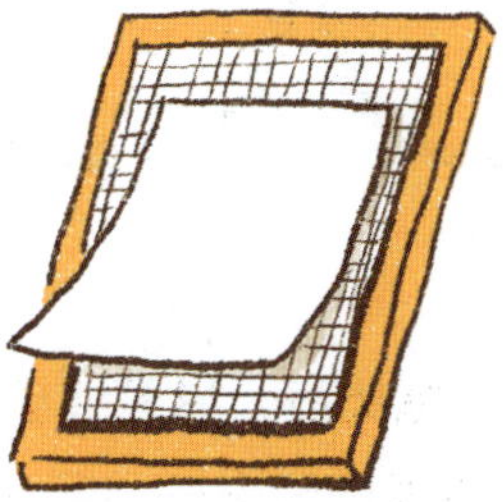

6. 晾干后揭下来，看看是不是造纸成功了。

还有什么材料是可以用来造纸的？

下面这些水果蔬菜，你们觉得哪些可以用来造纸？给它们做上标记吧！

为什么竹子、楮树皮、甘蔗渣都能用来造纸呢？

因为纸张的主要成分之一就是纤维。在造纸的过程中，植物纤维被提取出来，成为纸浆。植物纤维是植物组织中又细又长的细胞，主要成分是纤维素。纤维素是植物细胞壁的主要成分之一，起着提供结构支持的作用。

第十四章 丹青 看壁画认识矿物色，用矿物色画壁画

认识矿物色

我国的矿物色绘画具有辉煌灿烂的历史，汉代墓室壁画、新疆克孜尔壁画、敦煌莫高窟壁画等遗迹都展示了矿物色绘画极高的技艺水平和繁荣景象。矿物画的色彩并不着重表现光照下各种物体呈现出的色相，更多的是讲究色彩的象征性，颜色既能表示人的身份，还与天地四方相联系。但近现代，我国矿物色绘画技艺和材料几近失传，直到 20 世纪 80 年代，其以“岩彩画”的形式开始复兴，并持续发展至今。

白色系

高岭土、蛤粉、白垩、石膏

高岭土

蓝色系

蓝铜矿、青金石

蓝铜矿

敦煌莫高窟壁画第 257 窟

西壁 《鹿王本生图》 北魏

红色系

朱砂（辰砂）、铅丹、胭脂、红土（赤铁矿、赭石、铁丹等）

辰砂

绿色系

孔雀石、绿铜矿

孔雀石

绿铜矿

棕黑色

炭黑

炭黑

用矿物色画壁画

第十五章 舟车 做重心平衡实验，当好车船设计师

重心平衡实验是设计车辆或船舶时非常重要的环节之一，因为重心的位置会影响到车辆或船舶的稳定性、操控性、安全性。

现在让我们来感受一下重心平衡的“魔力”吧！

拆下这个小鸟，折出它的尖尖小嘴。在它的两个翅膀上别回形针，然后用它的嘴尖立在手指上试试。

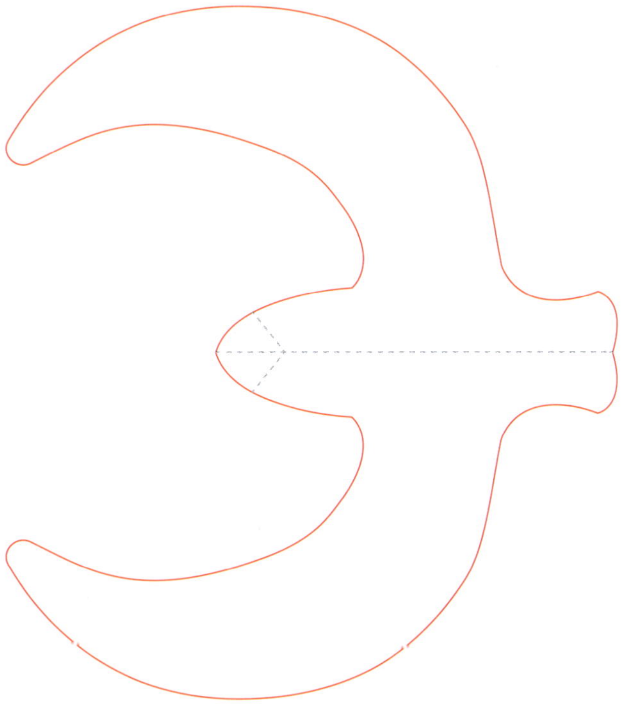

小鸟可以在指尖晃动而不掉下来，这是为什么呢？

小鸟可以在指尖晃动而不掉下来，是因为指尖支撑了它的重心。回形针别在两侧翼尖后，增加了小鸟前半身的重量，相当于把小鸟的重心移动到了鸟嘴下方。把重心保持在它的身体下方，能够使它更加稳定。

小朋友们，你们在设计车船的时候一定要考虑好重心位置哟！

第十六章 佳兵 担任航母小舰长

航母是“航空母舰”的简称，是以舰载机为主要作战武器的大型军舰，就像是一个在海上的移动机场。2012 年 11 月 23 日，我国首艘航母辽宁舰成功完成舰载机起降训练；2019 年 12 月 17 日，我国首艘国产航母山东舰下水入列；2022 年 6 月 17 日，由我国自主设计建造的首艘弹射型航母福建舰下水。

担任航母小舰长

航母让舰载机可以随时返回、加油、补充弹药，然后再次起飞加入战斗。它的最大作用就是守护国家的海洋安全，保护祖国的海域领土。现在就把这个光荣的任务交给你，由你来担任一天小舰长，动手画一画，让舰载机和人员各就各位吧！

阻拦索

甲板上重要的“生命线”，用于将舰载机短时间内拦停，一般有 4 ~ 6 条，位于航母后部的返回跑道上。舰载机落地时，需要将尾部的挂钩放下，拖着它滑行，直到挂钩挂上阻拦索。舰载机停稳后，阻拦索会自动松脱。如果挂钩没有钩住阻拦索，飞行员就必须立即加速，使舰载机迅速起飞，否则飞机有坠毁的危险。

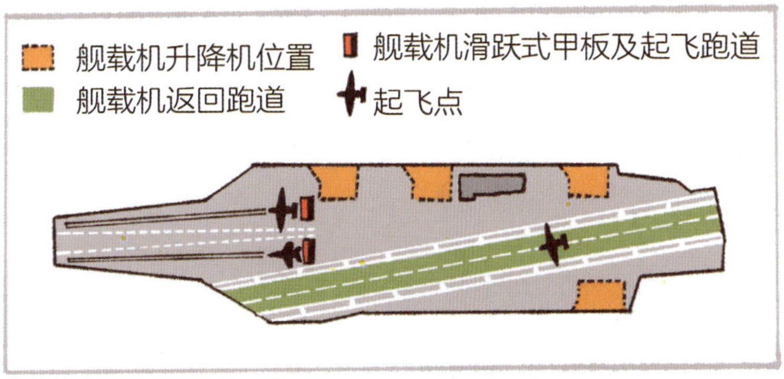

舰载机降落信号指挥官

他们在甲板上指挥降落。

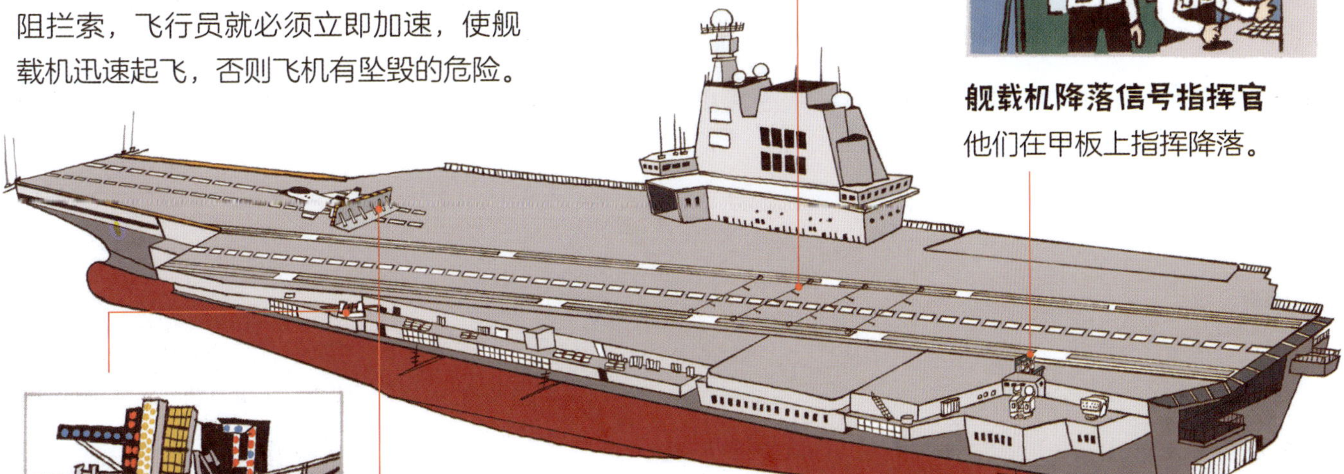

光学助降系统

航母飞行甲板短且窄，舰载机飞行员需要借助光学助降系统沿着灯光下滑。每种颜色的信号灯表达不同的意思：
红色是太高，黄色是太低，
绿色左右偏，橙色可以落。

偏流板

偏流板不怕飞机尾部喷出的火，还能保护飞机周围的人员。

甲板上的色彩

白色
安全、医务、政工和临时舰上人员

蓝色
调运和供气保障人员

棕色
机务人员

红色
危险和安全管控人员

紫色
燃油补给人员

绿色
起降和飞机维修人员

黄色
调运人员

向前移动

发动机点火

紧急停止

起飞

检查完毕，一切正常

舰载战斗机
负责对空作战，夺取海上或沿岸制空权

救护直升机
负责救护、运送伤员以及撤回被困人员

搜救直升机
负责搜索海上遇险人员，进行援助和营救

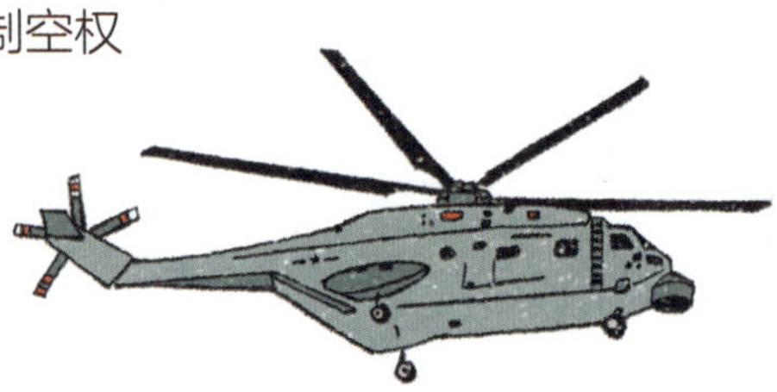

舰载反潜直升机
负责搜索和攻击敌方潜艇

预警机
用于搜索、监视空中或海上目标，指挥并引导飞机执行作战任务

第十七章 曲蘖 欢迎来到微生物的世界

微生物家族中有细菌、病毒、单细胞藻类、真菌、原生动物、古生菌等。

今天我们已经发现的细菌有圆形的、条状的、螺旋形的、带尾巴的，还有毛茸茸的……

微生物边吃边分裂，把一种东西变成另一种东西。红曲霉菌就是其中一种，在它们的作用下糯米改变了颜色，改变了气味，变成了另一种东西——红曲。

那些显微镜下的微生物

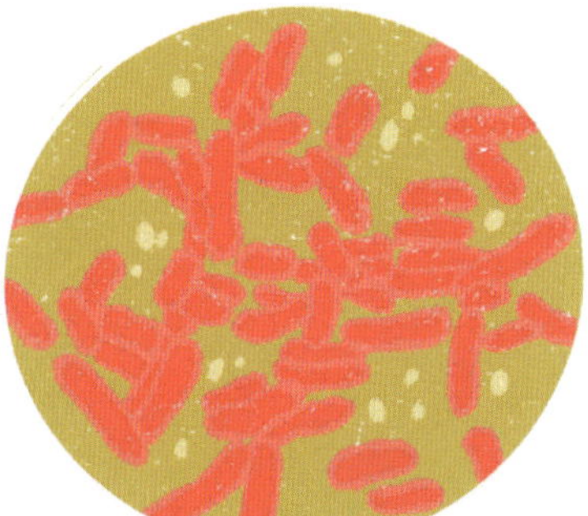

细菌（大肠埃希菌）

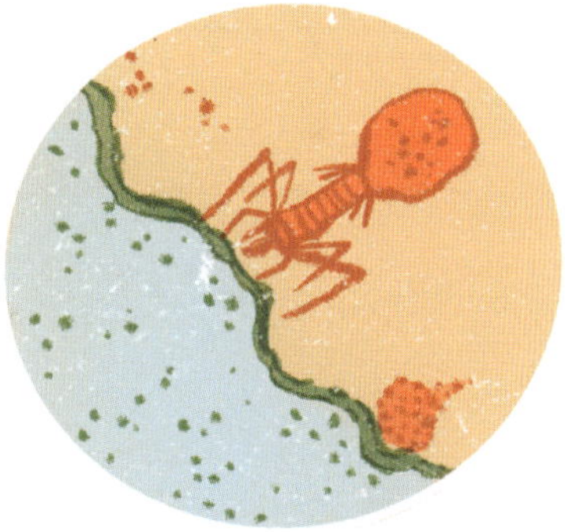

病毒（噬菌体）

真菌（黑面包霉）

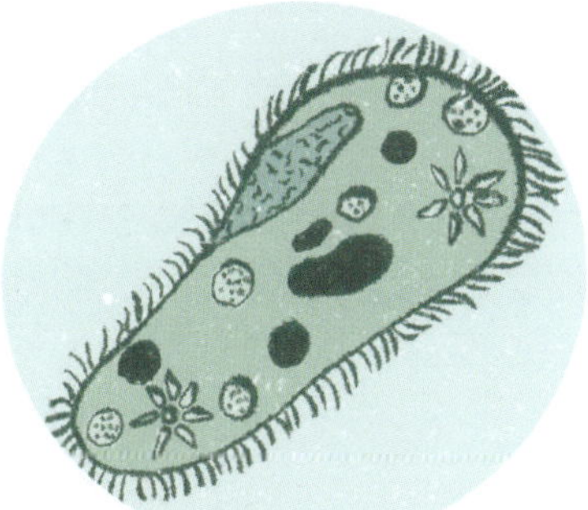

原生动物（草履虫）

单细胞藻类（绿藻）

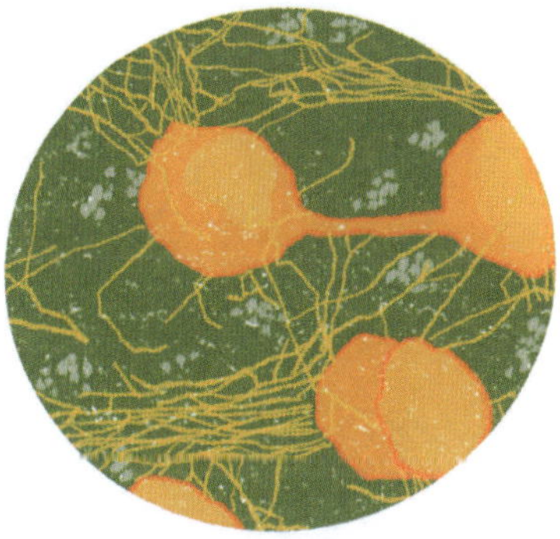

古生菌（超嗜热菌）

红曲霉菌的生长过程

① ② ③ ④ ⑤

我们的皮肤上和体内也生活着大量细菌。它们大多数是无害的，有些细菌还对人类有益。它们发挥着各种作用：营养、治疗、调节免疫、抵抗入侵……

微生物存在于空气中、云朵里、土壤中、水里……一滴海水中可能有成千上万个微生物。

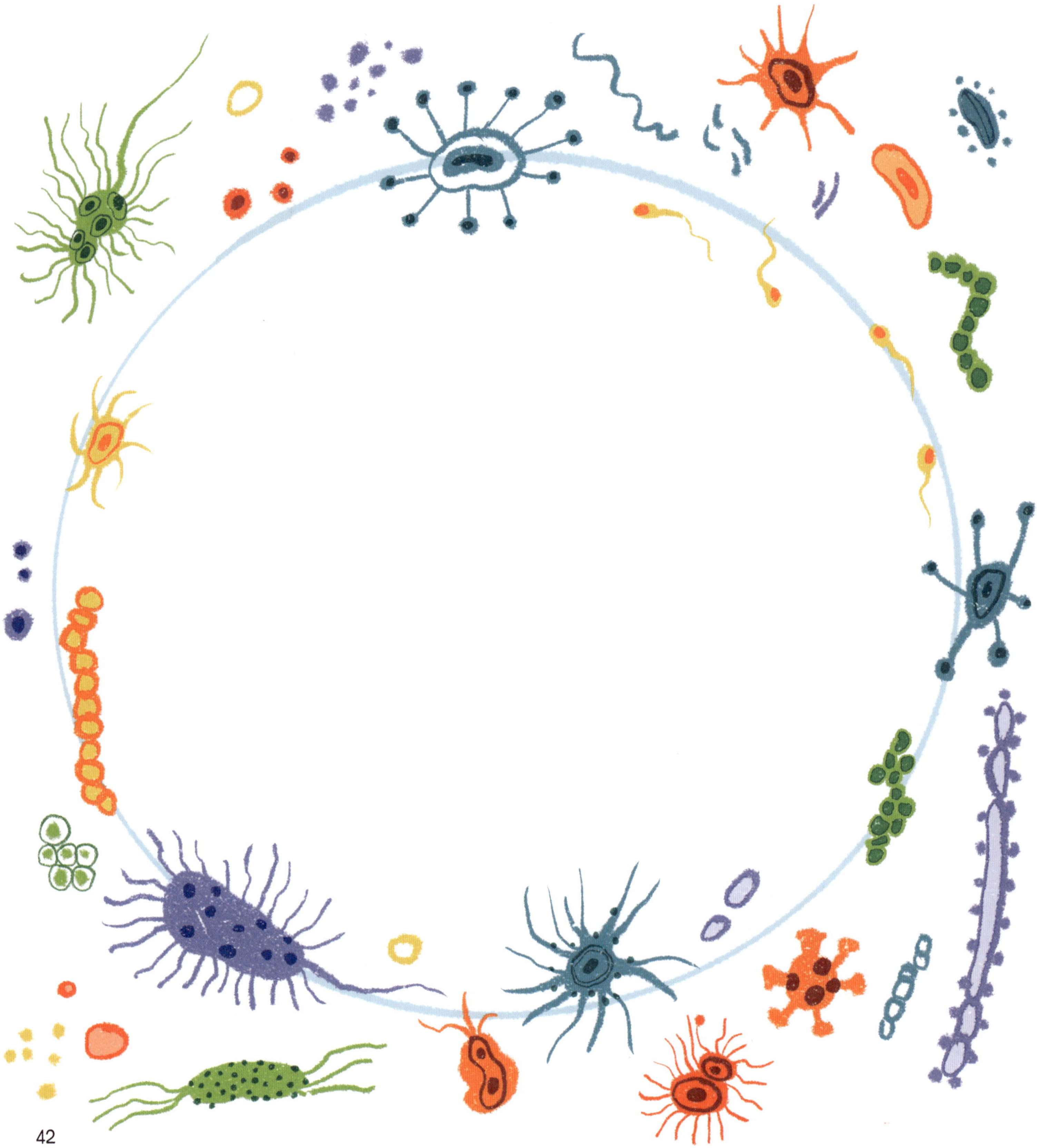

我们是怎么看到那些不可思议的微生物的呢？

自备一个大小适中的塑料片，再取下这个卡片，抠掉中间白色区域，把塑料片贴在对折的放大镜架中间。在塑料片上滴一滴水。透过水滴看页面上的字，你有什么发现？

是不是字变大了？这是为什么呢？

这是因为在塑料片上滴水之后，水滴会形成一个凸透镜，相当于一个简易放大镜，所以透过水滴看到的字就变大了。

观察微生物要借助显微镜。显微镜的发明可以追溯到 16 世纪末。早期的显微镜就是由凸透镜和凹透镜组成的简单光学装置。

来看看我们现在的显微镜吧！

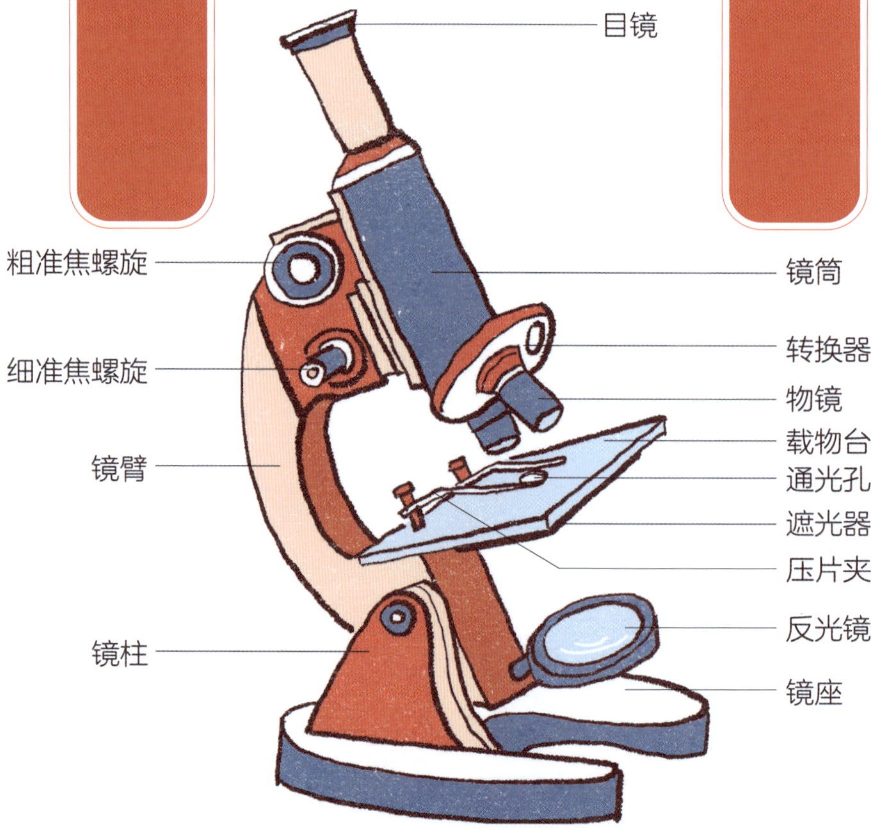

第十八章 珠玉 珠光宝气，挑战用纸做首饰

珍珠、宝石、玉石多被用来制作首饰。首饰在很久以前就已经存在了，几乎与人类的历史一样古老。

簪：由笄发展而来，是古人常用的固定头发用的装饰品。
清·嘉庆蜻蜓簪

钿：用来固定头发，是古代的一种冠帽。
清·铜镀金累丝点翠嵌珠石凤钿

臂钏：戴在手臂上的环形首饰。
明·云纹金钏

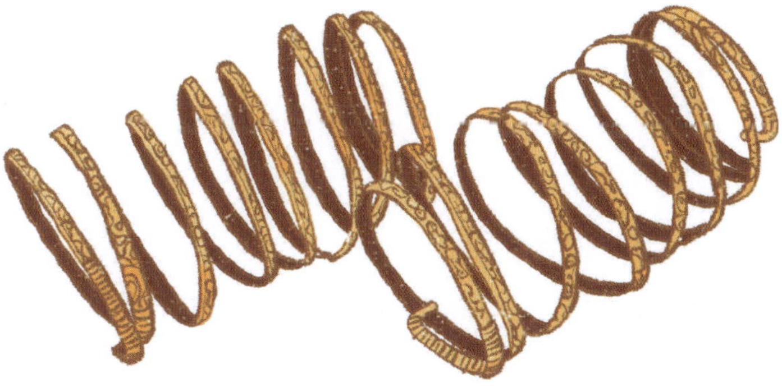

手镯
明·金累丝镶宝石金镯

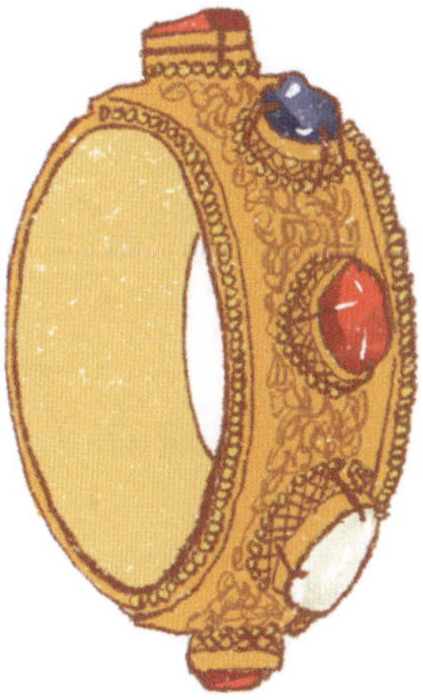

耳坠
明·孝靖皇后金环镶宝石玉兔捣药耳坠

扁方：清代女子用来贯连固定“两把头”这种发式的饰物。
清·金镂空嵌珠石扁方

玉玦：在新石器时代早期就已经开始作为装饰品使用了，是最古老的玉器之一。在古时经常被用作耳饰和佩饰。

新石器时代 · 玉玦形龙

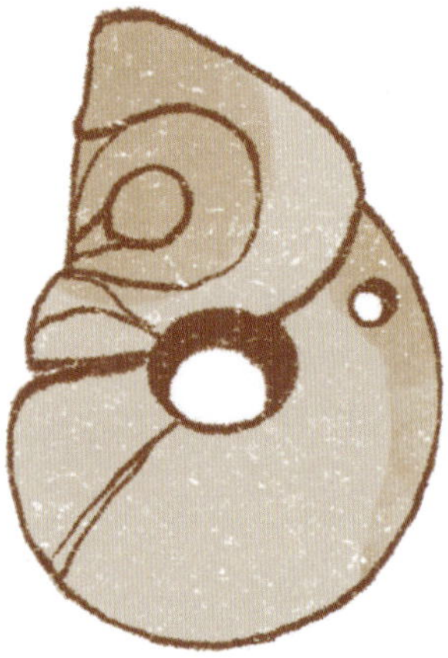

玉笄：古人用来簪发和连接冠的饰物。

新石器时代 · 龙山文化玉笄

钗：固定头发用的首饰。

明 · 金质累丝百宝嵌花卉发钗

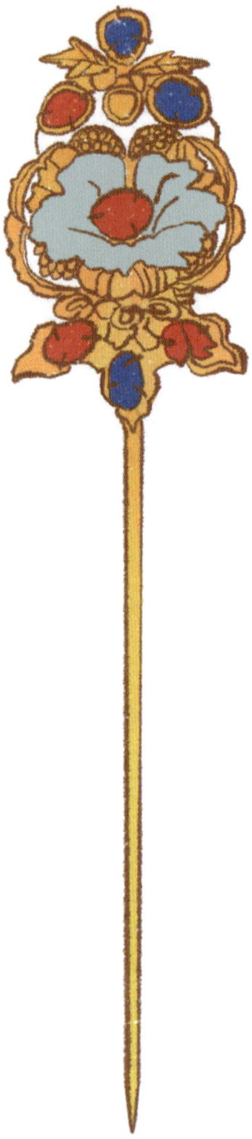

步摇：古代一种头饰，会随着佩戴的人走路而摆动，所以叫步摇。

南北朝 · 马头鹿角形金步摇

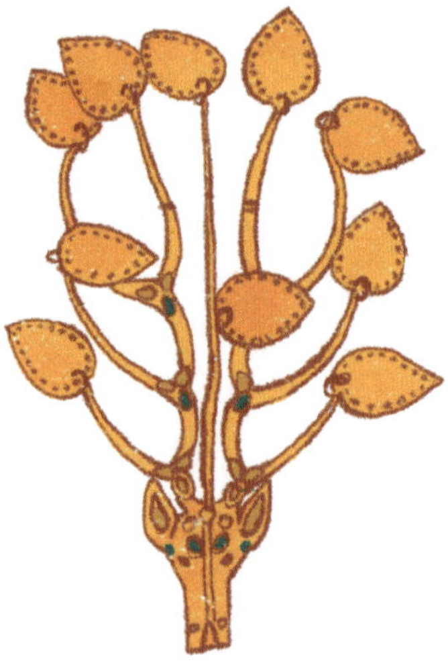

璎珞：跟随佛教传入中国，后作为挂在胸前的长串装饰。

辽 · 金坠玛瑙墨晶璎珞

栉：又叫梳篦，像个梳子一样，可直接插进头发里做装饰。

唐 · 金柄玉梳

我的当代首饰设计

当代首饰的材料不再局限于黄金白银、天然珠宝，表现形式也不再限于项链、耳环……

设计灵感可以来自植物、动物，也可以来自故事、幻想。

总之，它可以是个全新的探索。根据下面提供的灵感来源，画出你的首饰设计图，并挑战用纸折戒指，涂一涂、画一画、折一折。

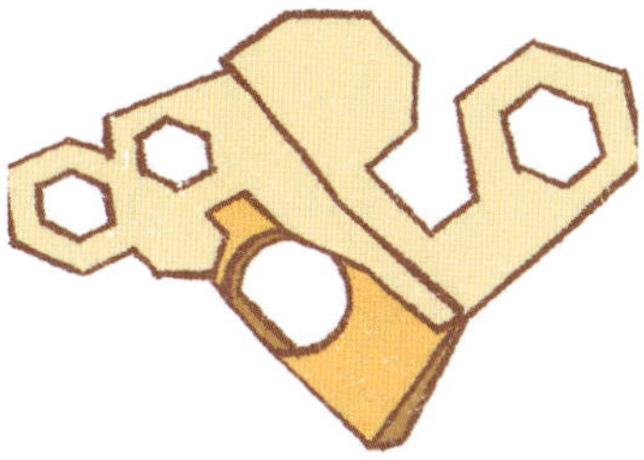

古有《天工开物》，今人继往开来。

天工开物
百科全书

李倩 编　王敏如 绘

SPM 南方传媒 新世纪出版社
·广州·

前言

《天工开物》号称中国 17 世纪生产工艺百科全书。书名可能来源于《尚书》中的“天工人其代之”和《易经》中的“开物成务”，“天工”可以理解为自然的工巧；“开物”可理解为开发万物。

这本书是明代科学家宋应星所著，于崇祯十年（1637 年）出版刊行。书中不但记述了中国古代在多个领域领先世界的科技成就，而且提出了人与自然相协调，人力与自然力相配合的科技哲学思想。

《天工开物》按“贵五谷而贱金玉”的原则，分为三卷十八篇，书中介绍了饮食、服饰、铸造、兵器、造纸、车船、染料、酿酒等方面的多种技艺，从而满足人们从物质到精神生活方方面面的需要。《乃粒》在前，《珠玉》在后，也反映了几千年来，中国人一直把重农固本视为安民之基、治国之要的观念。

为了让孩子们能在了解中国古代科技的同时联系现代生活，思考一个个步骤背后的科学原理和规律，并且培养他们继承这种发现自然、认识自然、利用自然来创新的观念和能力，我们以孩子们容易理解的语言和图画重新演绎了这本《天工开物》，还设计了一个个小活动，从理论到实践，从输入到输出，培养孩子们勤思考、善动手、不怕麻烦的好习惯，为迎接未来更大的挑战做好准备。

目录

第一章

乃粒

吃的从哪儿来？

中国是古老的农业大国，一向认为“国以民为本”“民以食为天”，吃是头等大事。先民们靠着种地这项重要技能，才在激烈的生存竞争中得以发展壮大。

“生人不能久生，而五谷生之；五谷不能自生，而生人生之。”意思是说，人不能自己生长，而要靠五谷；五谷也不能自己生长，而要靠人去种植。那古人都种些什么呢?（古代对五谷的说法不一，后来用于指代谷物。）

麻，指的是我国原产植物火麻，这种植物结的籽可以吃。

菽（shū），是豆类作物的总称。大豆、绿豆、豌豆、蚕豆、红小豆、黑豆……

麦，据说起源于西亚，约 5000 年前传入中国。

稷（jì），就是小米，中国是世界上最早种植稷的国家。

黍（shǔ），就是黄米，中国是黍的原产地。

稻，就是水稻，它是中国南方最常见的农作物。在湖南一个叫“玉蟾岩”的地方发现了一万多年前的水稻，这是目前发现的世界上最早的栽培水稻。

种稻子

1 翻耕稻田

要想种出好水稻，翻耕基础要打好。把上一季收割后留下的稻茬翻耕进地里，让稻茬腐烂后变成肥料，更好地滋养秧苗。

2 耙地

耙像梳子，人或牛儿拉着它给翻耕过的田地再耙耙，使土地更加平整，土壤中能保存更多空气和水分，让水稻的根能更好地生长。

3 浸种

种水稻要先浸种，就是用稻秆或麦秆包好种子，放在水里浸泡几天等待发芽。浸种期，最早在春分以前，最迟在清明后。

4 除草

要想庄稼好，田间锄草要趁早。农民伯伯需要手拄木棍，用脚把泥堆在禾苗根部，并把杂草踩进泥里，让它们不能生长。稗（bài）草是稻田中最顽固的杂草，得连根拔起。

种麦子

1 厉害的耕地、播种农具——耩（jiǎng）

用上耩，耕地、播种两不误。耩的脚上装铁尖，拖着耕地最方便。播种漏斗设计巧，随着牲畜一走一晃，种子就从底部洞眼抖进土里完成播种了。

2 给种子盖上小被子

给种子保暖的办法多，北方会用石磙在撒了种子的土上轧一轧，南方则会用脚后跟在有种子的地方踩一踩。土层紧实能保温，小种子们好发芽。

3 勤除草

宽面大锄专治各类杂草，杂草除尽了，田里的肥力就都供给麦子用来结麦穗了，收成自然好。

灌溉

1 筒车汲水

水稻最爱喝水，人们就在河边装置了筒车，他们筑堤坝挡水，引水流至筒车下，冲击筒车轮叶转动起来，轮叶转进水里时，绑在轮叶上的筒就能舀到水。轮叶转到高处时，筒里的水就会自动流入引水槽，再导流入田间。

2 拔车汲水

浅水池、小水沟有小巧的拔车来引水。一个人用两只手握住摇把迅速转动，干一整天只能灌两亩田。

3 水井汲水

利用杠杆原理，给一个支点，借助坠石的重量就能帮人们从水井中取水的装置——桔槔（gāo）。

4 踏车汲水

齐心协力踏水车，使环形龙骨转起来。串板随着龙骨向下走，在水里转弯时把水带进水槽，跟着龙骨上行把水运上来。也可以用牛拉动转盘驱动水车取水。

第二章

粹精

谷物变米面

“天生五谷以育民。美在其中，有‘黄裳’之意焉。”

意思是说：自然界生长五谷为人类提供能量，五谷的精粹就藏在黄色的外壳里。稻谷的外衣是糠皮，麦子的外衣是麸皮。通过扬簸和舂磨等工序得到米和面。

我们的古人又把米、面加工成了花样繁多的食物。

饼在古代曾是面食的统称。根据加工方式的不同，蒸的叫“蒸饼”，烤的叫“烧饼”，煮的是“汤饼”。

汤饼就是今天面条的前身，只不过一开始它不是我们熟悉的细长条状，而更可能是用手撕的片状。宋代才出现了各种风味的面条，元代才有了挂面。

包子和馒头在唐朝时都笼统地称为“蒸饼”。据说包子是诸葛亮发明的，用羊肉和猪肉为馅，包上面皮，用来祭祀。

饺子原名娇耳，相传是约 1800 年前由医圣张仲景发明的。当时为了救助耳朵冻伤的百姓，他把药材和羊肉包在面皮里，做成耳朵形状的娇耳发给百姓吃。

加工稻子

1 打稻子

手握稻秆来摔打，稻谷稻穗要分家。石板上摔打留稻种，没被打坏的种子才能够发芽。其余稻子要脱粒，铺在晒稻场上用牛拉石磙来碾轧。若是碰上阴雨天，就要用木桶就地摔打脱粒了。

2 给谷粒去谷壳

脱去谷壳要用砻（lóng）。砻分为两种：一种是木砻，用两段粗圆木制成磨盘状，在接触面凿出纵斜齿。另一种是土砻，用竹篾（miè）编上下两个竹筐，筐里装干净黄土，捶打紧实并嵌入竹齿。两筐摩擦时竹齿像牙齿咀嚼，就把谷壳磨开了。

3 风车吹谷皮

风车手柄摇一摇，风吹起，留下谷子去了皮。倒入筛中再检查，没脱壳的稻谷就得回砻啦。

4 舂（chōng）稻谷

稻谷变大米，舂捣不能少。过筛后的稻谷要放进石头做的臼（jiù）里舂。稻谷多的人家就需要在地上挖坑埋石臼。在一根横木前端装上一块上方下圆的石头，然后像玩跷跷板似的，脚踩一端，装有石头的一端就会翘起；脚松开，石头就会砸进臼里。反复几次，稻谷就舂好了。

5 水碓（duì）

事半功倍靠水碓。临河而居的人们用他们的智慧创造了水碓。利用水流的力量冲击水车的转轮转动，借助水力舂稻谷。放置石臼的数量则是根据水流量以及地势来决定的。

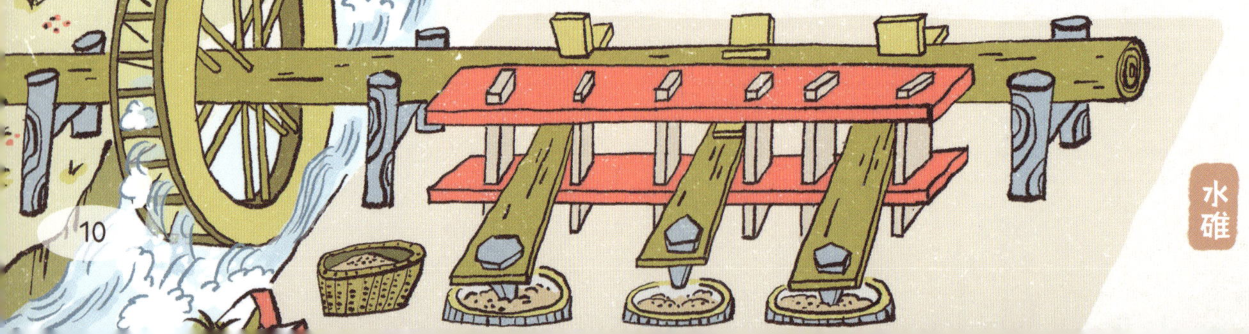

加工小麦

小麦的脱粒方式和稻谷一样。

1 麦子进磨盘

麦粒变面粉，水磨功劳大。用人力磨时，可以人工放麦粒，如果用其他方式磨，都要在磨盘上面挂一个上宽下窄的袋子，里面装上洗净晒干的小麦，让它们慢慢溜入磨眼里。

2 筛出细白面

用面罗筛出细腻丝滑好面粉，全靠底部丝绢材质过滤。

加工小米

加工小米的大石墩

两人默契合作，用小碾加工小米不空闲。北方会在家里放一个大石墩，用擀面杖一样的碾石来回碾轧小米谷粒，当谷粒被碾到边缘时，要用小笤帚（tiáo zhou）把它们扫到石墩中间再碾，直到把皮全部去掉。

收豆子

连枷打一打，豆子收获啦！豆类收获后，人们一般用打豆的方式使其脱粒。

收芝麻

晒干的芝麻捆成捆。左手一捆，右手一捆，相互敲打几下，芝麻粒就脱落啦。

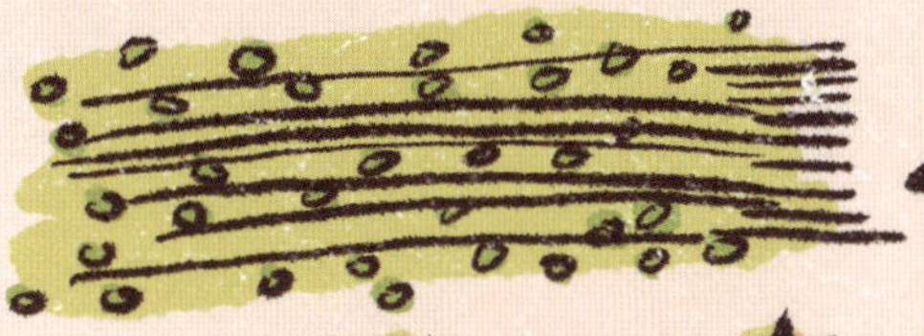

食材连连看

这些美食和农作物的对应关系和你想的一致吗？

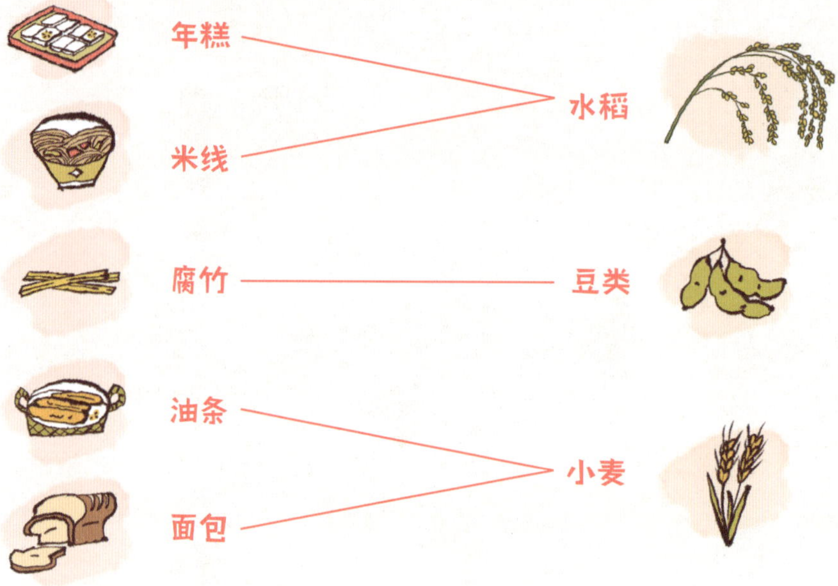

现代化联合收割机

拥有了现代化联合收割机，在收获的季节里只要开着它到田里一转，就能在很短时间里完成谷物的收割、脱粒等繁杂工作。

第三章

作咸

食物加点盐

“口之于味也，辛、酸、甘、苦，经年绝一无恙。独食盐，禁戒旬日，则缚鸡胜匹，倦怠恹然。”意思是说：辛、酸、甜、苦四种味道，人们常年缺少一种都不会生病，唯独食盐，10 天不吃，就会变得手无缚鸡之力，疲倦懈怠，像生病一样了。可见，盐对人类的健康起到至关重要的作用。

食盐的种类很多，大体可分为海盐、池盐、井盐、土盐、崖盐和砂石盐等。

那么古代中国人是怎么制盐的呢？

海盐

1 种盐

天气晴朗时，选一块潮水冲刷不到的海边堤岸，均匀地撒上稻秆灰、麦秆灰，厚度约 3.3 厘米，压紧。第二天早晨，海沙中的盐分就会在灰层中凝结。继续晒到中午，盐户就可以把盐和灰一起扫起来，拿去淋洗和煎炼了。

2 给盐美白（过滤）

给盐洗澡可不简单，要先入浅坑滤掉渣，再入深坑等蒸发。挖一浅一深两个坑，浅坑上架木架，再铺草席，将收集来的盐料堆在上面，用海水冲洗。盐水透过草席进入浅坑，完成第一次过滤，再流入深坑，等待煎炼。

3 煎盐

平底牢盆来煎盐，直径竟有 3.3 米！煎盐锅在古时候叫作“牢盆”。有一种是用铁皮和铁钉打造而成的，铁皮之间的缝隙会被析出的盐填满，牢盆就不会漏水了。洗净的盐水烧呀烧，留下的白色固体就是盐。

池盐

引水种盐

湖水咸，必有盐。每到春季便要引水制盐。挖深池引入咸湖水，再挖浅沟让池水分流入沟。条件适宜时，一晚上就能结出盐。

井盐

1 凿井取盐

远离海滨也不怕，石山里面也有它。用破开两半的竹夹住锐利的铁锥头，并用绳子缠紧。凿一个井口直径只有十几厘米，井深却要达三四十米甚至更深的盐井。在那里就能找到盐。

2 从井里打卤水

窄口盐井打卤水，空心竹筒功劳大。底部有单向阀门的竹筒进入水中后，由于水的压力，阀门会自动打开。灌满水后，牛拉动转盘，把卤水提上来时阀门关闭，卤水就被带上来了。

单向阀门剖面示意图

3 煎炼

换几口小锅把盐炼。将卤水倒入比牢盆小点的锅中，架上柴火烧一烧，卤水很快就变成雪白的盐。

我们现在是怎么利用海水制盐的呢？

1 沉淀海水

先引海水入水库，沉淀一下去腥味。

2 给海水通电

利用机器给沉淀后的海水通电，海水被分为淡水和浓度极高的咸水。

3 高温蒸煮

高浓度咸水进入真空蒸发器。通过高温蒸掉水分，留下原盐。

4 消毒加料

原盐还要再加工，消毒完成再加碘，保证健康，不怕麻烦。

第四章

甘嗜(shì)

有糖甜蜜蜜

“世间作甘之味，什八产于草木，而飞虫竭力争衡，采取百花，酿成佳味，使草木无全功。孰主张是而颐养遍于天下哉？”意思是说：世间用来制作糖的原料，大部分来自草木，蜜蜂不甘落后，采集百花酿成蜜糖，使草木不能占全部的功劳。是谁在支配这一切而使世人普遍得到保养呢?

尝到了自然馈赠的这些甜味的人，又是如何利用自己的智慧把甜味保留下来并分享给更多人的呢?

红糖

1 榨糖水

牛儿拉动糖车，榨汁快又多。糖车位置固定牢，牛拖车顶长轴围着糖车把圈绕，带动下面两根粗木柱滚动，来把甘蔗反复榨。

（两根粗木柱之间有一个收集甘蔗汁的槽，可以把汁导流进桶里。）

2 熬制

甘蔗汁里加石灰，去除杂质效果好。熬制糖浆需要三口呈“品”字形排列的铁锅。甘蔗汁加入适量石灰后，先把熬浓的甘蔗汁集中在一口锅里，再把稀甘蔗汁逐次加入其余两口锅中。

白糖

1 制糖膏

熬制白糖看火候。当甘蔗汁沸腾的水花像绿豆大小，手指捻搓感觉黏答答时，说明糖浆已经熬好了。装进桶里，黄黑色糖浆慢慢冷却就成糖膏了。

2 瓦溜过滤

要想糖膏变白糖，瓦溜里面过滤忙。上宽下窄的瓦溜像漏斗，把它架在盛水缸上，堵住瓦溜孔，倒入糖膏。等结晶出砂糖后打开孔塞，淋黄泥水脱色，就得到了白糖。

冰糖

白糖想要变成冰糖，还要掺入适量净水加热再熔化，加入鸡蛋清吸附表面的浮渣。将新鲜青竹做成小篾片撒入其中，一夜之后，糖液就在篾片上凝结成冰糖块了。

蜂蜜

1 野外采蜜

野外采蜜用长竿，崖壁上面好施展。南方地势低而潮湿，只有在深山崖壁上有野蜂蜂房，要用长竹竿刺破蜂房，让蜂蜜流下来再采集。

蜂箱是养蜂过程中供蜜蜂繁衍生息的处所，是最基本的养蜂工具。

2 家养蜂酿蜜

想要蜂蜜，先造巢脾。把巢脾放入蜂箱，等待外勤蜂采蜜归巢，吐出蜜汁给内勤蜂，通过内勤蜂的酿造，就得到了我们需要的蜂蜜，储存入巢房。取蜜时尽量不要伤害它们。

（巢脾：双面布满正六棱柱形巢房的蜡质板状物。）

3 过滤

要想蜂蜜清、透、亮，过滤网来帮忙。无论是野蜂酿的蜜，还是家蜂酿的蜜，最后都要过滤，蜂蜜才算制作完成。

现代依然沿用的制糖技术

1 切割甘蔗

甘蔗切得小，出汁率就高。把甘蔗切薄切小，这样可以榨出更多汁水。

2 压榨机榨甘蔗

用具有很多滚轮的压榨机将切开的甘蔗榨汁。

3 分离杂质

分离杂质和甘蔗汁，活性炭不能少。加热甘蔗汁，在沸腾的甘蔗汁里放入澄清剂，澄清剂的主要成分就是活性炭。通过加热，活性炭上的孔洞会更好地吸附甘蔗汁里的杂质。

4 过滤

去除杂质，保留甘蔗汁。

5 制硬糖

蒸发去水分。继续熬制甘蔗汁成糖膏，冷却干燥后就变成可以食用的硬糖了。

第五章

膏液

没油可不行

电灯发明前，油脂是人类的“光明使者”，靠它点亮油灯，照亮漫长的黑夜。

“草木之实，其中韫（yùn）藏膏液，而不能自流。假媒水火，冯藉木石，而后倾注而出焉。此人巧聪明，不知于何禀度也。”意思是说：草木果实中含有油脂，但它不会自己流出来，要借助水火、木石加工而成。人类的聪明才智，不知是受教于哪里而来的。

由此可见，技术本身的发展跟传承一样重要。科技创新亦不是凭空而来的，它需要通过世代薪火相传的教育得来。

榨油

1 压榨法榨油

要想油料榨得干，就需要大型压榨装置。最好选用张开双臂才能抱住、生长纹路扭曲的樟木，制作压榨装置。将樟木中间掏空，用来放需要压榨的油料。

2 炒蒸油料

要想油料出油质量好，受热均匀很重要。把油料（蓖麻子或油菜籽等）放入锅中，用文火慢炒，散发香气时火候刚刚好。取出油料碾碎，再上蒸笼蒸熟，用稻秆或麦秆包裹成厚厚的油饼，再用铁丝或者竹篾箍紧，避免散掉。

3 撞木榨油

撞木和木楔，榨油好“伙伴”。插入油料中间的尖楔和矩形木，最好用檀木制作。用撞木去撞击油料中间的尖楔，不断挤压油料，油就被榨出来了。

制蜡烛

2 舂捣乌桕子

想要取皮，得舂捣。将蒸好的乌桕子倒入一个深约 50 厘米的臼中，用石碓（duì）槌舂捣至乌桕子油脂层全部脱落，将油脂层挖起筛干净后放入甑里再蒸一次。

1 蒸煮乌桕（jiù）子

乌桕子是一种名叫“乌桕”的乔木的种子，它外皮上的油脂能做肥皂或蜡烛。把干净的乌桕子放入蒸锅蒸。

3 榨皮油

包裹蒸好的乌桕子油脂层，制成待榨的油饼，再压榨出皮油。

制水油

全身是宝的乌桕子，除了榨皮油，还能制水油。乌桕子的核黑黑的，把它们放进不怕火烧的石磨中，周围燃起火，把乌桕子核迅速磨破，去除黑皮留下白仁。将白仁碾碎、蒸熟、包裹、压榨。榨出的清亮水油，装入小灯盏，放入一根灯芯草就可用于照明了！

4 做蜡烛模具

把苦竹筒竖着劈成两半，放在水里煮涨，再合起来用篾箍勒紧。也可用纸做模具。将木棒做成蜡烛形，再将纸张卷在木棒上，取出模型得纸筒。

5 灌蜡烛

皮油灌入竹筒或纸筒，插入烛芯。

6 蜡烛成型

待皮油凝固后打开筒，蜡烛已成型。

现代人吃的油

超市里琳琅满目的食用油大部分是植物油，有玉米油、花生油、芝麻油、橄榄油、菜籽油、茶树油、米糠油等。动物油是用动物脂肪提炼的食用油，猪油拌饭、牛油火锅用的就是动物油。

以橄榄油为例，看看现代炼油工艺吧！

1 采摘

从树上采下新鲜的油橄榄。

2 清洗

采下果实尽快洗，保证新鲜是关键。

3 碾碎

油橄榄要碾碎，要用锤式破碎机。将处理干净的油橄榄倒入锤式破碎机，把它们碾成果泥。

4 果泥加热

果泥倒入融合池，搅拌起来受热匀。

5 甩出橄榄油

高速运转甩出油。将热果泥倒入离心机，在高速甩动下，橄榄油就流出了。

6 包装橄榄油

橄榄油储存要避光，营养物质才能被储藏。橄榄油含有大量活性营养物质，光照情况下容易分解。

第六章

乃服

古人穿什么？

“人为万物之灵，五官百体，赅（gāi）而存焉。贵者垂衣裳，煌煌山龙，以治天下。贱者裋（shù）褐（hè）枲（xǐ）裳，冬以御寒，夏以蔽体，以自别于禽兽。是故其质则造物之所具也。属草木者为枲、麻、苘（qǐng）、葛，属禽兽与昆虫者为裘、褐、丝、绵，各载其半，而裳服充焉矣。”

意思是说：人是万物之灵，五官肢体完备健全。尊贵的帝王穿着华丽耀眼的龙袍统治天下。穷苦百姓穿着粗布短衣，冬天用来御寒，夏天用来遮挡身体，以此区别于动物。这些衣服的原料都来自大自然。属于植物的有棉、大麻、苘麻、葛，属于鸟兽和昆虫的有皮、毛、丝、绵，两类各占一半，足够做衣服了。

大自然在提供这些衣料的时候可没贵贱之分，一丝一线都是自然的馈赠和辛勤劳动的结合，来之不易，应该格外珍惜。

丝绸

1 养蚕

蚕宝宝娇嫩，怕香味浓，也怕臭味熏，过于浓烈的气味都会导致它们死亡。雨天采摘的桑叶也要悬挂晾干才能喂给它们吃。

2 结茧

身体变透明的蚕儿要结茧。养蚕人要搭蚕山。先搭木架，把竹席绑在木架高处，上面插上用麦秆拧出的小蚕山。地上摆炭火，确保通风和温暖，还能使吐出的丝马上被烘干。

3 缫丝

煮茧抽丝。将蚕茧倒入水中，水开用竹签拨动水面，就能找到丝头。将丝绕上大关车。脚踩踏板，推动杠杆，大关车不断旋转便将丝线层层卷起。丝线的粗细取决于一次煮茧的数量。

4 调丝

即将成捆的蚕丝绕成团。蚕丝用木架撑开，在木架高处钉装一根倾斜的小竹竿，竹竿一头装半月形挂钩。将丝线绕过挂钩再拉下来缠绕在手上的篗（yuè）子上。

5 纺纬

织布必备经纬线。纬线要靠纺车纺。取几个绕好的篗子浸湿，摇动纺车，将丝线缠绕在竹管上，就纺成纬线了。

6 牵经

经线根根排队忙。在一根直直的竹竿上钻很多小孔，再用竹篾弯成环穿过竹竿上的孔，一根丝线穿过一个竹篾环，再穿过用于分丝的掌扇，缠绕在经耙上，经线就准备好了。

7 过糊

经线架在印架上，织轻薄布料前一定要先上淀粉浆。面粉水里洗呀洗，洗出面筋留下浆。把它涂在梳筘(kòu)上，移动梳筘既能控制经线位置和密度，也能控制经面宽窄，兼顾给丝线上浆。

8 织小物品

腰机织轻巧小物品。织匠用一块皮料当靠背，操作织机时全靠腰部和臀部用力。腰机织出的布更加整齐、结实、有光泽。

9 提花

要想布料花纹丰富不单调，提花机两人默契配合很重要。长5米多的提花机，需要一人在下面踏织，另一人半坐在高耸的花楼上按纹样控制经线起落的位置。

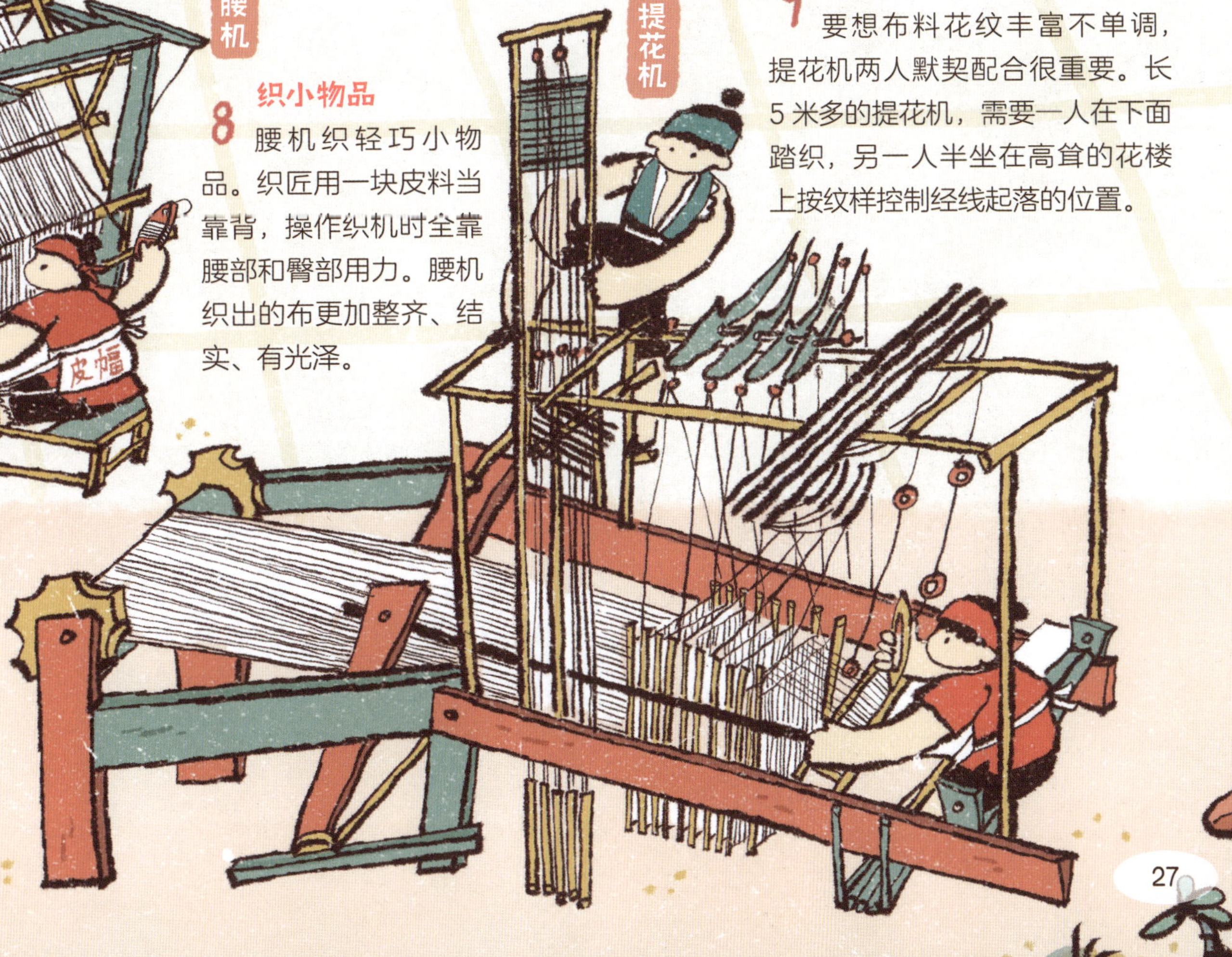

棉花

1 棉桃去籽

棉花春种秋收，用处大。轧花机里挤一挤，去掉籽儿留棉花。

2 弹棉花

悬弓来把棉花弹，松松软软又保暖。

3 纺棉纱

先用木板搓出棉花条，再用纺车纺成纱。绕在篗子上，就可以牵经织布了。

4 织布

小巧腰机织布忙。

第七章

彰施

给点颜色看看

“霄汉之间，云霞异色；阎浮之内，花叶殊形。天垂象而圣人则之，以五彩彰施于五色……‘甘受和，白受采。’世间丝、麻、裘、褐，皆具素质，而使殊颜异色得以尚焉。”

意思是说：天空中有色彩缤纷的云霞；大地上有绚丽多姿的花草树木。大自然呈现出来的各种景象被有聪明才智的人们加以学习利用，按照五种色彩染成五种服色……“甜味可以调和各种味道，白色可以染成各种颜色。”世间的丝、麻、皮毛和粗布都是素色的，从而可以染成五颜六色。

神奇的大自然给我们创造了这么好的条件，让勤劳的人们运用智慧拥有了强大的染色能力。

红色

1 采红花

想要染料先有花。菊科一年生草本红花二月撒种，入夏陆续会开花。想要采花需起早，带着露水才算好。

2 做花饼

新鲜红花捣碎，用水淘洗，装入布袋拧一拧，再用发酸洗米水淘一淘，都是为了去除黄汁（黄色素），让红色更纯粹鲜艳。青蒿敷一宿，抑菌、防霉效果好。捏成薄饼阴干，红花饼就做好了。

3 红花饼染色

红花饼放入乌梅水里煮一煮，进一步去除黄色素。捞出再入碱水泡。反复多次过滤出更鲜艳的红色染料。

绿色

1 采槐花制花饼

树龄十几年的槐树才开花。夏季采槐花，竹筐放在槐树下，竹竿绑上镰刀钩槐花，槐花掉入竹筐。收集好做染料的槐蕊（未开的槐花），加水煮沸，捞起滴干，捏成饼。

2 套染变绿色

槐花本身是黄色染料。用槐花（黄色）先染一遍，再用蓝靛（蓝色）染一遍，就得到油绿色了。

茶褐色

1 **煮莲子壳**
剥莲子壳，用它煮水。

2 **坯布染色**
把布放进莲子壳煮出的水中染色。

3 **青矾水做媒染剂**
青矾又叫“皂矾”，是一种天然矿物，呈蓝绿色。再将布放入青矾水中即可染成。

包头青色

包头青色

包头青色其实是种黑色。用栗壳或莲子壳熬煮一天，把壳捞起，加入铁砂、皂矾再煮一夜，才得到这种深黑色。

蓝色

1 **采菘（sōng）蓝**
十字花科植物菘蓝，插根成活。冬天收割。它的根就是人们熟悉的药材：板蓝根。

2 **浸泡叶子**
叶子泡 7 天，得到蓝色汁。

3 **加入石灰搅拌**
想要得蓝靛（一种深蓝色染料），加入石灰拌。每 100 升蓝色汁加入约 5 升石灰搅拌均匀，等待沉淀。沉下去凝结在水底的就是蓝靛。

奇妙扎染

古人能从许多植物中提取出染布的染料，看看这些美丽的颜色出自哪里吧！

1 选布料

天然棉麻白净净，染出颜色效果佳。把未染色的棉麻等天然面料浸在水中，加漂白剂让它们变得更洁白。

2 给布料“五花大绑”

扎染花纹效果好不好，全看捆绑技术高不高。给布料边角打结，或者用线绳捆绑，折一折、团一团，总之就是不能把它们摊开平躺。

3 进染缸

捆好的布料进染缸，五颜六色真是棒！

4 布料“出浴”

捞出拆线，图案立现。将浸泡一天的布料打捞出来，放在竹席上沥水，拆掉捆绑在上面的线，图案就显现出来了。晒晒温柔的太阳，晾干收起。

第八章

五金

真金不怕火炼

人类文明史被划分为石器时代、青铜时代、铁器时代……金属在人类社会的发展过程中一直起着重要作用，是人类文明发展的重要标志。

“大地生五金，以利用天下与后世……贵者千里一生，促亦五六百里而生。贱者舟车稍艰之国，其土必广生焉。黄金美者，其值去黑铁一万六千倍。然使釜鬵（xín）斤斧不呈效于日用之间，即得黄金，直高而无民耳。”

意思是说：大地孕育出五金，造福人类。贵金属相隔千里才有一处产出，就算距离近也得相距五六百里才有。普通金属就算在交通不便的地方也是比较多见的。上好的黄金，价格比黑铁要高出 1.6 万倍。然而，如果没有铁制的锅、斧子应用到日常生活中，即使有黄金，也像是只有高官而没有百姓罢了。

可见无论是物还是人，都不能用价值来评判其作用。

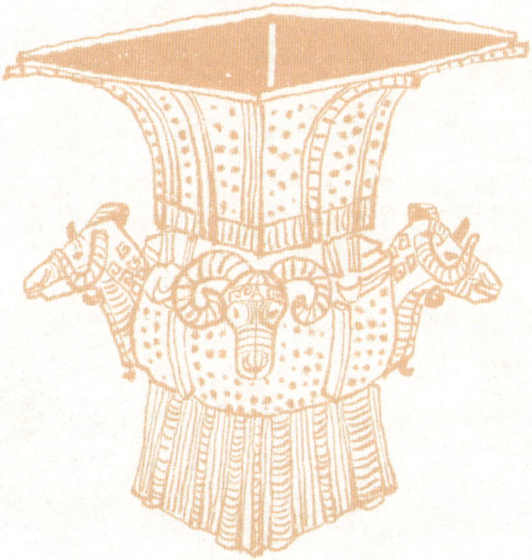

开采黄金不容易，石山开凿 40 多米深。看到褐色伴金石，采金人才能松口气。这说明金矿就在不远处。

金

银

1 开采银矿

银矿的分布像树枝，找到它可不简单。先找地面褐色小石堆。再挖进去几十米深。采矿工人还要循着矿脉兵分几路去开采。

2 热火朝天炼银子

银矿石挑选、淘洗后放入土筑的炼银炉，周围堆架大量栗木炭，炼银炉旁还要砌起一道隔热墙。两人搭档推拉风箱，帮助炭火烧更旺。还有一人拿着长铁叉，把木炭往一米多高的炼银炉里加。火力够了，炉里的礁砂就会熔化成团。

3 银子提纯

熔团里面不光有银，还有铅。冷却的熔团放入分金炉里面。松木炭围住熔团再加热。铅先熔化穿过炭灰流到炉底。去掉铅后，就得到了更加纯净的银。

碎银回收

1 坩埚熔碎银

细碎银子也珍贵，重新熔掉铸银锭。复杂环境下收集起来的碎银子需要除去杂质。把碎银子和一些硝石放进坩埚里，送入高炉熔炼得到熔团。

2 分金炉提纯

铅和铜能混入银中影响其纯度。把熔团放入分金炉里熔炼，铅熔点低，先熔化流出。银快熔化时颜色会发生变化，这时铜还是固态，用铁条就可将银和铜分开，得到更纯净的银。

铁

1 捡铁矿

铁矿石多在平原和丘陵，不用深挖就能找到它们。土锭铁呈黑色，露在地表方便捡。雨后趁着地湿，赶牛犁地就能收集它们。细碎砂铁，挖开地表土层就能看到它们。

2 洗铁矿石

铁矿石放进水池洗干净，除去杂质后炼铁效率高、质量好。

3 生铁熟铁要分开

盐泥隔热效果好，用它筑造熔炉炼铁效率高。风箱供氧，助燃烧。温度达到出铁水，直接流入铸模为生铁。流入下面的方塘，加入泥粉，几人迅速搅拌，得熟铁。熟铁更软，更容易改变造型。

铜

1 采铜矿

铜矿石有的大、有的小，有的亮、有的暗，还有一些像生姜。产铜山上往下挖，十几米深处才能找到它们。挖出的矿石带着石头夹着泥，炼铜前还需多清洗。

2 冶炼铜

有的铜矿石里含有铅，分离它们并不难。熔炉上留有一高一低两个孔，先熔化的铅从高处的孔流出来，后熔化的铜从低处的孔流出来。

锡

锡矿分为山锡和水锡。

1 山锡

我国锡矿西南多，东北少。山上不用挖很深就能找到大的像葫芦、小的像豆子的锡矿石。

2 水锡

水锡藏在河溪里，细细碎碎就像黑色面粉。河溪里面淘呀淘，水锡产量并不高。

3 锡的提纯

熔炉炼锡加点铅，“点铅勾锡”促熔化。熔化的锡水就顺着熔炉下面铁管的小槽，流入炉外低池里面了。

现代大型炼金设备

所谓真金不怕火炼，并不是说金子不会被熔化，而是说金子不会在火中产生化学反应。

无论怎样烧它，它凝固后依然是黄澄澄的金子。

第九章

冶铸

金属器皿怎么来？

“首山之采，肇（zhào）自轩辕，源流远矣哉！九牧贡金，用襄禹鼎，从此火金功用，日异而月新矣。”

意思是说：我国铸造技术源远流长，黄帝时期已经开始在首山采铜铸鼎。自从九州地方官员进贡铜给禹，铸成九个大鼎以来，冶铸技术得到了日新月异的发展。

商代青铜器铸造水平已经相当高了，重达 832.84 千克的后母戊鼎、造型精美的四羊方尊都令人叹为观止。

铁锅的出现，成就了中国人惊艳世界的炒菜，宋朝沉船“南海 I 号”上就有不少用于出口的铁锅。它跟瓷器、金银制品一起出口，足见它的受欢迎程度了。

那么中国古代的人们是怎么铸造这些器物的呢？

1 制造钟内模

铸造万斤以上的大钟，需要先挖几米深的大坑，再搭起一个像房子一样的高棚，防晒防雨效果好。在棚子里用石灰、细砂和黏土调成三合土塑造大钟形状的内模，表面不能有一丝裂缝。

2 制作油蜡层和外模

内模干透再穿一层油蜡衣，厚度起码有几寸。内模干燥后，用牛油、黄蜡混合液厚涂在其表面，凝固后修平整，就可以在上面精雕细琢文字和图案了。最后再用极细的泥粉炭末调成糊，一层一层均匀厚涂在油蜡层上做外模。

3 熔化油蜡

内模、外模需干透，用慢火熔化中间的油蜡层。熔化的油蜡从下面开口流干净。内模、外模之间的空间就可以用来造大钟。

4 巧用引流槽

铸造万斤以上的大钟，必须巧用引流槽。在钟模周围修筑多个熔炉和泥槽，泥槽两边还需围上炭火，防止铜液在流动过程中因温度降低而凝固。铜液沿着泥槽一齐注入钟模里。大铜钟就铸造完成了！

造小钟

造千斤以下的小钟，只需十几个小熔炉，熔炉底部穿上横杆方便两人抬起，能把铜液直接倒入钟模。倾倒铜液进钟模时不能间断，这样才能保证铜钟一体成型，没有裂缝。

造锅

1 做模具

想要造锅，得先造好模。铸锅模分内、外两层。先造内模，再计算好内外模之间的空间后，开始塑造外模。模具成不成，就看塑造功夫精不精。

2 造熔铁炉

熔铁炉用泥塑，炉背上的管子连通风箱，炉面捏个出口出铁水。一炉铁水可铸 10 口到 20 口锅。

3 铸造铁锅

一勺铁水浇铸一口锅，铁勺上涂泥来隔热。用涂了泥的长柄铁勺从炉嘴里接铁水，往铁锅模具里倾倒，不等锅身冷却就把外模去掉。此时红通通的锅身如有不足，还能及时浇少量铁水来弥补。

造币

1 制翻砂模具

想要铸币，先做模具。木条做成框，将筛过的细泥粉和炭粉混合，填满空框，压紧实。表面再撒少量杉木或柳木炭灰。然后把百枚锡制的钱排列在上面。用另一个填满泥粉和炭灰的木框盖上去，就做成了铜钱的正反两面的泥模。用这个方法制作多套泥模。最后把它们穿在一起，用绳索绑紧。

2 浇铸钱币

两人默契配合倒铜水，浇铸钱币好忙活。一人用鹰嘴钳把盛满铜水的坩埚从熔炉里夹出来，另一人帮忙夹住坩埚底部，共同把铜水注入模中。等铜水冷却后，打开模具，取出铜钱。

3 打磨钱币

要想钱币表面光滑不毛糙，木棍穿起钱币打磨效率高。

现代化炼钢铁

1 矿石原料入百米高炼钢炉

铁矿石、焦炭、烧过的石灰石按照比例，一起被倒入百米高的炼钢炉。

2 熔化矿石原料

高炉下有进风口，保证氧气供应，使炉内达到千度高温，熔化矿石不用愁。

3 加入烧过的石灰石

炼铁加入烧过的石灰石，事半功倍全靠它。烧过的石灰石可以调节炉渣性质、吸收有害元素硫，稳定炉渣成分，从而提高炼铁效率，稳定炼铁质量。

4 钢铁的诞生

将铁水运输到各个车间，有的成了铁，有的被炼成了钢。

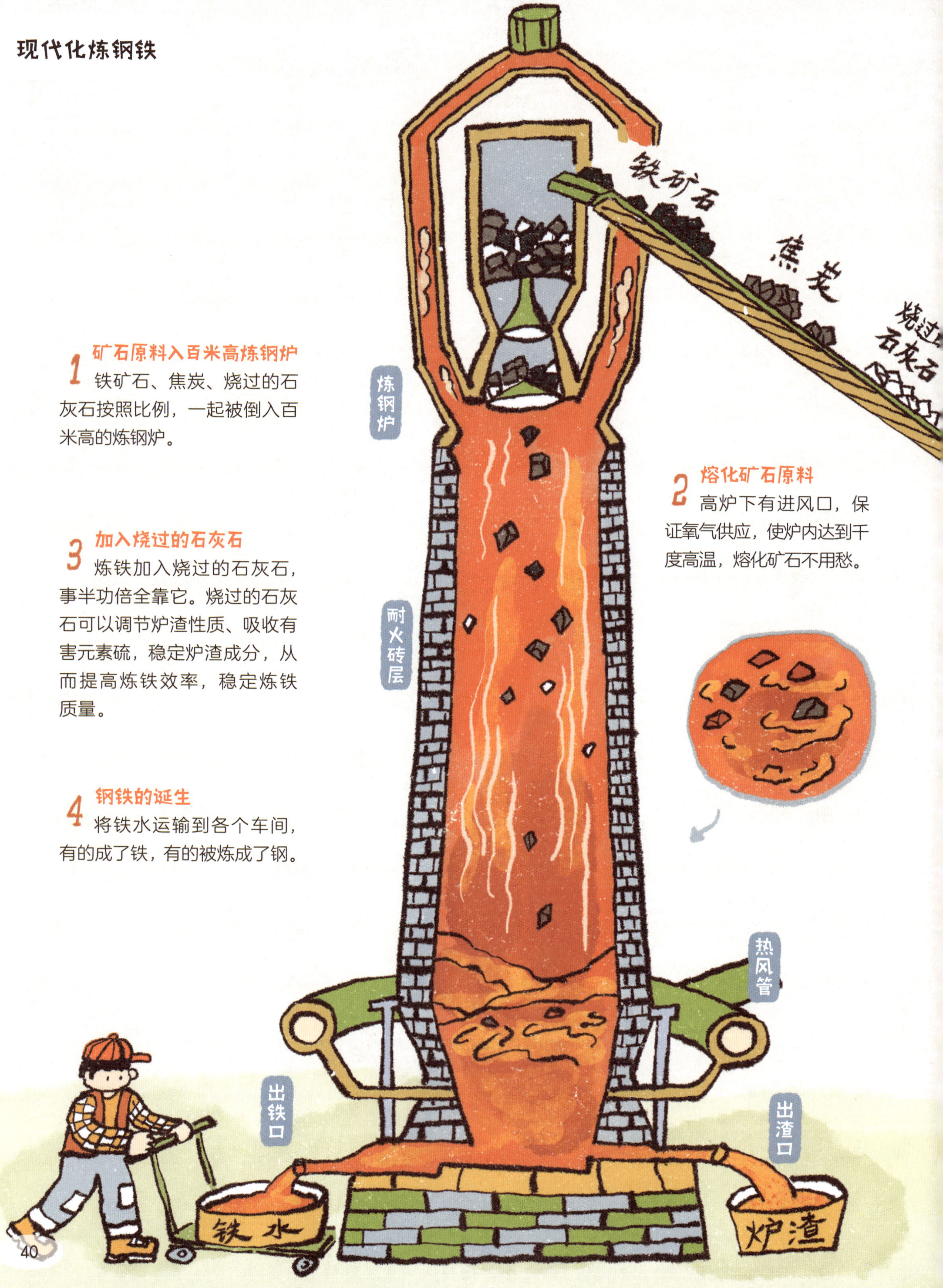

第十章

锤锻

敲敲打打来锻造

“金木受攻而物象曲成。世无利器，即般、倕（chuí）安所施其巧哉？五兵之内，六乐之中，微钳锤之奏功也，生杀之机泯然矣！同出洪炉烈火，小大殊形：重千钧者，系巨舰于狂渊；轻一羽者，透绣纹于章服。使冶钟铸鼎之巧，束手而让神功焉。”

意思是说：金属和木材经过加工后会呈现各式各样的形态。但如果没有有效的工具，就算是巧匠鲁班和倕也难有用武之地。打造厉害的兵器和制作能演奏出悦耳音乐的乐器，最关键的工具就是钳子和锤。各种器物同样出自熔炉烈火，大小、形状各不相同，重达千钧的铁锚能在惊涛骇浪中固定船只，轻如羽毛的绣花针能在礼服上绣出花纹。冶铸钟鼎的巧妙与这神奇的锻造技艺相比都显得逊色了。

越王勾践剑造于约 2500 年前，因剑身上镀有一层含铬的金属而千年不锈，至今仍寒光凛凛，堪称稀世珍宝。

中国古代帆船使用的四爪铁锚直到现在还在使用。

广西贵港罗泊湾出土的一面西汉初期的百越铜锣，是中国目前已知年代最早的铜锣实物。

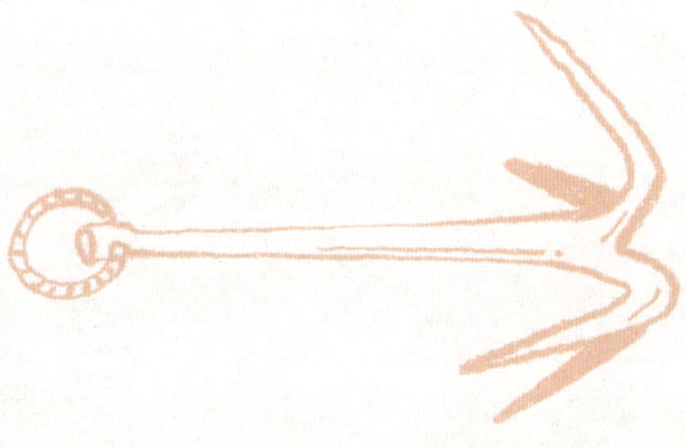

刀、斧、锄

1 **熟铁加热**

熟铁烧红变柔软。

2 **锤锤打打**

红通通的熟铁好塑形。熟铁烧红后立刻进行锤打，锤打出想要的形状后马上放入冷水中淬火，可以使它变得更加坚韧。

3 **生铁封口**

熟铁锻打好的刀、斧，要把钢嵌在刃上；锻打好的锄头，要把熔化的生铁涂在锄头口。放入水中去淬火，能让它们变得坚韧耐磨，使用更持久。

船锚

1 **组合锤锻**

想要千斤大船锚，组合锤锻方法妙。多人默契配合，锤合四个铁爪和锚身。

2 **搭木棚配合锤锻**

千斤船锚，组合锤锻不简单。要先搭起木棚把人抬高，用铁链吊起锚身和铁爪，才能把它们锤锻在一起。

绣花针

1 铁条拉成长铁线

先把铁片锤成细铁条，再在铁尺上依次钻出从大到小的圆孔。将铁条按顺序从孔中穿过拉成铁线。

2 铁线剪成针坯

铁线剪成一段段，一端锉尖，另一端锤平，锤平的一端钻针眼，再把针的周围锉平整。

3 炒热加固

想要绣花针坚固，先将针放入锅里慢火炒，再倒入泥粉、松木炭和豆豉将针掩盖后用火烧，最后放入凉水中淬火，坚硬的绣花针就做好了。

锣

2 冷锤定音

铜锣中心锤打出个凸起的圆泡。在常温下锤锤打打，改变铜锣中心那个圆泡的厚薄和深浅来调音。

1 锤打成型

铜锣不用铸造，直接锤打就能成型。熔化的金属熔团放在地上小心锤打，从小逐渐扩开，并将四周的边折上来。

现代锻造技术

1 8万吨模锻液压机

它是中国自主研发的国之重器，成功挑战了人类“制造极限”，锻造压力可达8万吨，让巨大坚硬的金属能变成我们想要的形状。这种模锻液压机在中国航天、舰艇等领域的发展中起到了至关重要的作用。

2 超大型锻造操作机

好马配好鞍，有了8万吨模锻液压机，还要配有可以夹住重物的锻造操作机。

第十一章

陶埏（shān）

泥巴里的宝贝

“水火既济而土合。万室之国，日勤千人而不足，民用亦繁矣哉。上栋下室以避风雨，而瓴建焉。王公设险以守其国，而城垣雉堞（dié），寇来不可上矣。泥瓮坚而醴（lǐ）酒欲清，瓦登洁而醯（xī）醢（hǎi）以荐。”

意思是说：黏泥土在水与火的相互作用下变成了坚固精美的瓷器。在有上万户人家的城市里，就算辛勤制陶的工人有上千人，陶、瓷还是供不应求。建筑房屋遮蔽风雨要用到它，官员们建造城墙来保护国家，令来犯之敌攻不进来，也要用到它。坚实的陶瓮能使其中的美酒保持清香，洁净的高足杯适于祭祀时盛放供品。

由此可见，人们日常生活中已经不能没有陶瓷了。

我国目前发现最早的砖来自西安蓝田新街遗址，距今 5000 多年，有“中华第一砖”之称。也有人认为我国砖的使用历史可能超过 7000 年。

最古老的陶器是中国江西仙人洞遗址里的陶罐碎片，距今约 2 万年。

瓷器是中国劳动人民的智慧结晶。在很长一段时间内，中国瓷器和等量黄金一样珍贵。

瓦

1 制熟泥

掘地挖坑取黏土。选无沙的黏土加水，脚踩变熟泥，再堆成长方的厚泥墩。

2 模具上贴泥片

以圆桶当模具，用带有铁线的弦弓从厚泥墩上割出一片陶泥，包裹在圆桶的外壁，并把它划成四等份。

3 瓦片成型

稍微干燥后，将黏土从模上取下，便裂成四片，成瓦坯。将瓦坯放入窑中烧制，变成瓦。

砖

1 做砖坯

好料出好砖，以黏而不散、细而无沙的黏土造砖最好。把水浇在泥上，拉几头牛来回踩踏，踏成稠泥。然后用稠泥填满木框，刮平表面，取下木框后，砖坯就做好了。

2 柴烧砖

砖的质量，取决于火力的控制。柴烧砖要在柴薪窑顶上偏侧凿出三个出烟孔，待窑内温度达到，用泥封住出烟孔。然后在窑顶浇水，利用蒸汽控制窑内温度。火候合适，砖烧好后会变得坚固耐用。

3 煤炭烧砖

用煤炭也可以烧砖。以煤炭做煤饼，一层煤饼一层砖，再用芦苇草引燃。

1 拉坯成型

陶车转盘转一转，手里的泥巴变成盘。制作陶器时，把陶泥拍在陶车转盘上，随着转盘旋转，有经验的技术人员拉动泥巴，往上拉做出瓶子或罐子，往下按做出盘子或碗。

2 给陶器粘零件

瓶子的嘴和耳朵要单独做，做好之后再来粘。小零件烧制后，用釉水把它们跟瓶身粘住再烧制固定。

3 制缸

大缸要分成上下两半做，再用木槌内外敲打衔接好。窄口的坛、瓮也一样。烧制时还要在内壁衔接处垫一个烧制好的瓦圈来固定造型、承受重量。

4 烧制陶器

山坡上建窑，由低到高连成排。窑顶的圆拱上面铺层细土，每隔一段距离要开一个透烟窗。小的陶器放入最低的窑，最大的缸则装在最高的窑。从低到高依次点火，直到把所有的窑都烧好。

瓷器

1 造瓷坯

圆形瓷坯、陶坯都一样，都要陶车来帮忙。但制作方形瓷坯要用模具来帮忙。

2 瓷坯过水

晾干的瓷坯再过次水，让它恢复湿润好加工。

3 瓷坯作画

给修好型的瓷坯画上漂亮的“衣服”。过水的瓷坯放在陶车转盘上旋转，用小刀把瓷坯表面刮光滑，就可以用釉料在上面画画了。

4 瓷坯过釉

釉水倒进坯里晃一晃，手指再撑住瓷坯往釉水里蘸一下，这样釉料就自然布满瓷坯了。

5 烧制瓷器

瓷器先装入泥制匣钵（bō）里，再放入窑中烧制。先从窑门点火烧，火力从下往上攻；再从窑顶天窗往下丢柴火，火力从上往下透。火候足了就可以停止烧窑了。

陶与瓷

陶

材料：常见的黏土

烧制温度：800 摄氏度左右

硬度：较软，用小刀能划出痕迹

透明度：不透明

瓷

材料：高岭土（一种黏土）

烧制温度：1200 摄氏度左右

硬度：较硬，不容易划出划痕

透明度：半透明

第十二章

fán
燔石

奇妙的火烧石头

“五行之内，土为万物之母。子之贵者，岂惟五金哉！金与火相守而流，功用谓莫尚焉矣。石得燔而咸功，盖愈出而愈奇焉。”意思是说：在金、木、水、火、土五行中，土孕育了万物。土里产生的众多物质中，贵重的何止金属这一类呀！金属在火的作用下熔化流动，（可以制成器物，）功用已经够强大的了。但石头经过火烧后，功能更加神奇。

石灰是石灰石等经过高温烧制而成，中国在新石器时代就开始使用石灰了。用石灰填了船板缝隙的船，在波涛中也可以安全航行。石灰也被用来砌砖筑城，使城墙更加坚固。石灰还成就了中国美食——豆腐。

煤是埋藏在地下的一种神奇石头，被人们誉为“黑色的金子”，中国是世界上最早利用煤的国家。

我们的祖先在公元 2 世纪发明了纯硫提炼法，硫黄在东方被道士们用来炼丹，在西方被炼金术士们用来炼金。

砒霜也叫“信石”，无色无味，毒性极大。

煤在古代是非常重要的燃料，现在也是重要的化工原料。中国的煤炭资源分布较广，储量也比较丰富，但煤是不可再生资源，要合理利用，适度开采。

煤

1 挖煤井

挖煤需谨慎，毒气会害人。经验丰富的采煤人可以根据地面的土质情况判断地下是否有煤。刚挖到煤时一定要小心煤井里的毒气，须将竹筒凿通插进煤井让毒气先排出，再下井挖煤。

2 井下挖煤

井下挖煤风险大。搭起木架作为支撑，防止煤洞坍塌。

石灰

1 挖石灰石

石灰石烧一烧，变成石灰用处大。一般往地下挖半米深就能看到它。挑选石灰石看颜色。青色品质佳，黄色、白色相对差。

2 烧石灰

石灰石烧成粉末变石灰。一层煤饼一层石灰石，交替堆砌好煅烧。

3 烧牡蛎壳

牡蛎全身都是宝：肉质鲜美可食用，在海边的人们用牡蛎壳代替石灰石。挖牡蛎需要带上锥子和凿子。将牡蛎壳和煤饼堆在一起，能烧出功能和石灰一样的蛎灰。

硫黄

硫黄可以用来制作火药和农药。

1 造熔炉烧硫铁矿（黄铁矿、白铁矿）

泥土夯实筑熔炉，煤饼裹着矿石堆积起来当燃料。熔炉外观设计巧，顶部留一圆孔等待黄色气体往外冒。

2 收集黄色蒸气

黄色气体才是宝，圆孔上盖的这个钵（bō）盂（yú）就是一个蒸气收集罩。黄色蒸气遇到钵盂冷却成液体，顺着钵盂内壁流入凹槽。凹槽上装有导流管，流入小池子凝结以后就是硫黄。

皂矾

矾不仅可以用来给物品染色，还可以用来治病。

1 煅烧矿石

煅烧矿石要10天，取得矿灰制皂矾。将挖自煤矿外层的矿石子，放入留有碗口大圆孔的熔炉，周围用煤饼围住。熔炉外砌墙把熔炉围住。从炉底点火，连续煅烧10天。等冷却，取矿灰样的精华部分。

2 煎炼皂矾

矿灰过滤后跟水一起入锅煎炼，煮得只剩十分之一时，火候才足够。水快煮干时，上层就会结出优质的皂矾。

砒霜

古时候，砒霜不仅用于驱除农田里的鼠害，还用来防治病虫害。现在可不行了哟。

1 建土窑

建土窑，土窑上面要有一个弯曲的烟囱，然后把铁锅倒过来覆盖在烟囱口上面。把砒石堆进土窑里，再放好柴火，准备烧砒。

2 烧砒

烧砒石时冒的烟气才是宝。砒石燃烧，烟气顺着烟囱往上冒，被烟囱上的铁锅阻挠。熄灭炉火，烟气冷却，变成一层霜贴在铁锅内壁上。反复燃烧、冷却多次，厚厚的砒霜就在锅内结成了。拿下铁锅，剥取砒霜。

现代采煤

现代化采煤安全性强，采煤效率高。

1 打井

先打立井来开路。

2 煤层区域挖隧道

煤层多，隧道就得多。采煤机派上大用场。它可以把隧道里的煤刮下来，再通过传送装置送到地面。

3 隧道维护

安全生产最重要。定期对隧道进行维护工作，才能保障煤矿工人的生命安全。

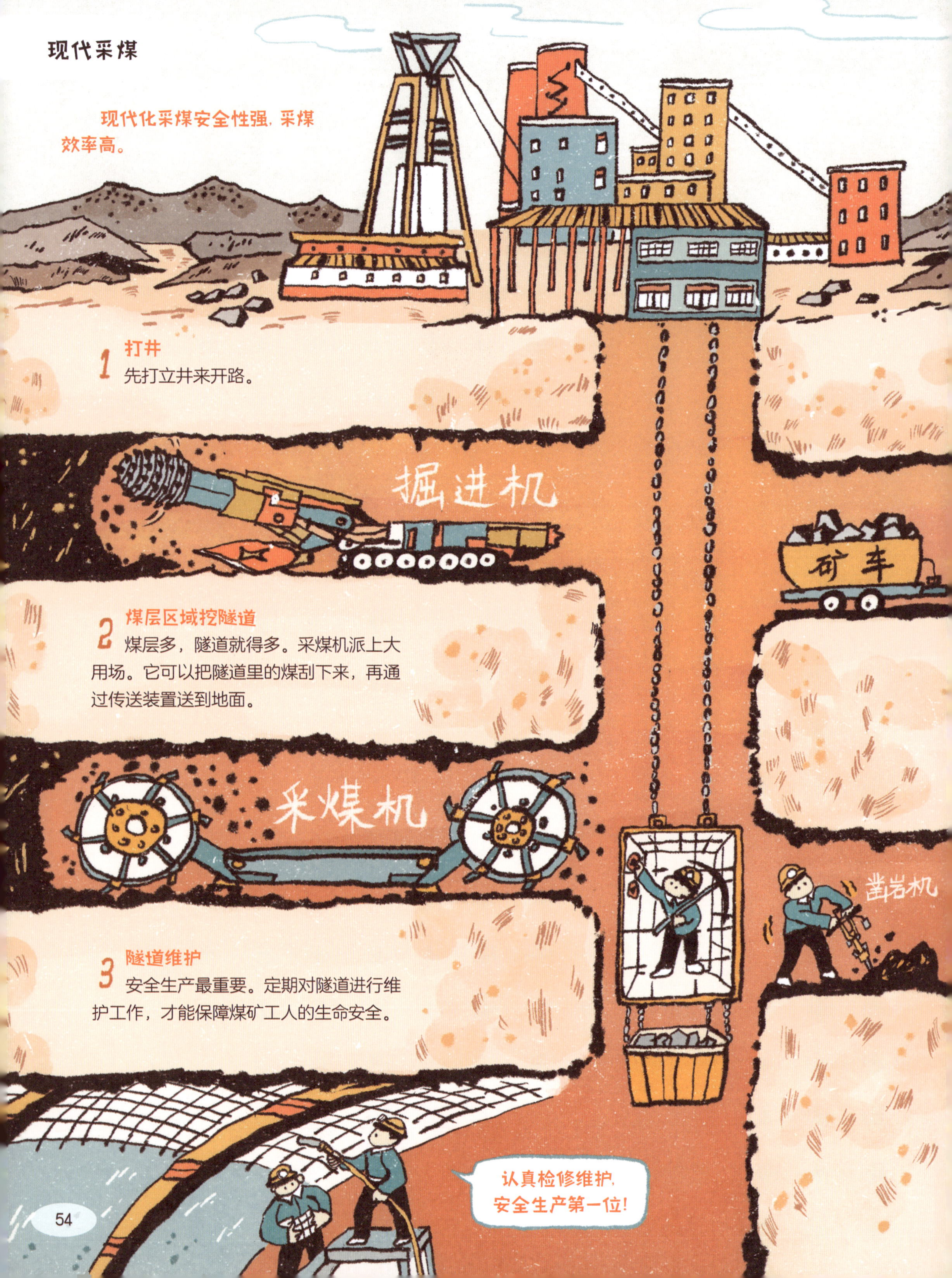

第十三章

杀青

造纸

“物象精华，乾坤微妙，古传今而华达夷，使后起含生，目授而心识之，承载者以何物哉？君与民通，师将弟命，冯藉呫（chè）呫口语，其与几何？持寸符，握半卷，终事诠旨，风行而冰释焉。覆载之间之藉（jiè）有楮（chǔ）先生也，圣顽咸嘉赖之矣。身为竹骨与木皮，杀其青而白乃见，万卷百家，基从此起。”

意思是说：万物的精华，天地之间的奥秘，从古代传到今天，从中原传到边疆，后世的人都能通过阅读文献去了解，那又是什么东西去承载这些信息呢？君王与臣民沟通，老师传道授业给学生，仅凭在耳边低语又能表达多少呢？但如果有一篇文章，或者半本书，就能把事情解释得更清楚，也能使命令传达得更准确到位，疑难就会像冰雪一样消释。世界上有了纸，无论是否聪明，几乎人人都能从中得到益处。纸是用竹子和树皮为原料制造的，除去青皮层，制作出白纸，诸子百家的万卷图书才有了书写和印刷的物质基础。

造纸术是中国古代四大发明之一。东汉时期，蔡伦总结了前人的经验，改进了造纸术，并逐渐推广开来，进而使纸替代了简。

造竹纸

1 泡竹子

嫩竹泡呀泡，泡软了外壳好杀青。芒种时节砍嫩竹，放进水池泡够 100 天后才取出，用木棒敲打去掉竹子表面的青皮。这个步骤就叫“杀青”。去皮后的部分即竹瓤（ráng）。

2 煮竹子

用优质石灰调成浆，涂在杀青后的竹子上，放入木桶煮 8 天。冷却 1 天后揭开木桶取竹料，放到清水塘里洗干净。

3 制作竹浆

用柴灰水浸泡竹瓤助软化，再铺上稻草灰，可以控制竹瓤腐烂到恰到好处的程度。这样反复煮沸淋洗。持续 10 多天，将腐烂的竹瓤放入臼里舂成泥状。

4 水里捞出纸

竹浆倒入水池搅一搅，加入纸药水，防腐增白效果好。抄纸帘在抄纸槽里荡一荡，掌握平衡很重要。轻轻地荡，纸就薄；重重地荡，纸就厚。捞出抄纸帘并翻转，让纸落到木板上。

5 压水分

利用木棍压水分，事半功倍有智慧。用木板压在成摞的湿纸上，捆上绳子，插入一根木棍绞紧，把水分压干。

6 烘干纸张

大烤炉烘干纸张。用砖砌一个长方形大炉子，底部有一条火道，两面砖壁贴上潮湿的纸张，靠炉内的热量把湿纸一张张烘干，揭下来就可以使用了。

楮树皮造纸

1 制纸浆

楮树皮造纸浆，春末夏初是最好的时候。楮树皮、嫩竹一起放入池塘里浸泡，再倒入石灰浆浸透，之后放入锅里煮烂。

2 造大纸

多人配合造大纸，默契合作很重要。在宽大的抄纸槽里用很大的抄纸帘捞纸浆。纸浆分布越均匀，纸张质量就越好。

3 彩色小信纸

“浣花笺纸桃花色，好好题诗咏玉钩。”这两句诗描写的就是这种彩色小信纸。据说这种纸是唐代女诗人薛涛指点工匠制作的。它是用木芙蓉皮为原料，煮烂后加入芙蓉花的汁制作而成的。

第十四章

丹青

来自大自然的颜料

“斯文千古之不坠也，注玄尚白，其功孰与京哉！离火红而至黑孕其中，水银白而至红呈其变。造化炉锤，思议何所容也！五章遥降，朱临墨而大号彰；万卷横披，墨得朱而天章焕。文房异宝，珠玉何为？至画工肖象万物，或取本姿，或从配合，而色色咸备焉。夫亦依坎附离，而共呈五行变态，非至神孰能与于斯哉？”

意思是说：千年前的历史文化能够一直延续，就是因为有白纸黑字的记载，这个功劳是无与伦比的！红红的火中孕育着黑的墨烟，白色的水银可以变化出红的朱砂。物质烧炼后的变化真是不可思议啊！来自京城的五色诏书，皇帝只需用朱笔在黑字上御批，就能使重大命令得以发布；批注者用朱笔批注万卷图书，为文章增色。朱、墨实乃文房异宝，珠玉与之相比都黯然失色了。画家描绘万物，或只以墨作画，或辅以颜料，再现万物之美。颜料的调制要依靠水火的力量，共同呈现于五行相生相克的变化之中，如果不是巧妙地利用自然的力量，谁能做到这些呢？

很早以前，山顶洞人就会用赤铁矿粉把自己的项链染成红色。早在数千年前，人们发现石青等天然矿石经过烧炼、粉碎、研磨等工序后，也可以做成颜料。后来，人们发现从植物的根、茎、叶、花、果实里也能提取颜料。中国是最早使用植物颜料的国家之一。金、银等金属也可用于制作颜料。敦煌壁画中熠熠生辉的华丽氛围的营造，少不了它们的功劳。

朱砂

1 挖朱砂矿

要得好朱砂，先往深处挖。几十米深的矿洞下如果看到朱砂床（一堆堆白石），说明朱砂找到了。

2 研磨朱砂

好的朱砂矿石泛红光，直接放入大铁槽中碾成粉，再放入缸中用水泡。沉淀物晒干，就得到头朱（头等朱砂）了。

3 朱砂炼水银

差一点儿的矿石也是宝，碾成粉末加水搓成条，放入锅里，可以炼水银。

4 析出水银

将矿石泥条放在密闭空间里加热，才能得到想要的水银。锅上再扣一口锅，将盐泥涂在它们衔接处封闭接口。锅顶正中打个孔，接条弯曲的铁管连到装有水的罐子里。铁管缠绕麻绳来确保密封。煅烧持续 10 小时，冷却一天就可以取锅壁上凝结的水银了。

5 水银变银朱

银朱是由水银加工成的朱砂。给水银加点天然硫黄碾碎、炒黑、装罐，然后加热。罐口要用铁盘盖紧密封。加热过程中要不断用废毛笔蘸冷水往盘上滴，为的是让它在冷却罐子里凝结成银朱。

松木墨

1 去除松脂

要想松木墨纯净、质量好，去除松脂很重要。最好的办法是在接近松树根部的地方凿个孔，然后点灯炙烤，整棵树的松脂就会从这个小孔流出。

2 烧松木取烟灰

燃烧松木前要先用竹篾搭建圆形棚。棚内用砖砌烟道，棚顶均匀分布出烟孔。棚头的位置烧松木。松烟从棚头弥散到棚尾。冷却后，棚尾处收集的烟灰叫清烟，质量最上乘，可做优质墨料。

炼烟

想要好的桐油墨，掌握火候是关键。用灯芯草点燃桐油，用倒扣在上面的瓷碗来收烟。这些烟就是炭。在炼烟的过程中要在恰当时机刮下烟灰，老了或太嫩都不能使用。

桐油墨

第十五章

舟车

车与船的发明

我国河流多，海岸线长，是世界上最先掌握造船技术的国家之一。约 8000 年前，就出现了独木舟。

“人群分而物异产，来往贸迁，以成宇宙……四海之内，南资舟而北资车。梯航万国，能使帝京元气充然。”

意思是说：人们分散居于各地，物品也产自不同地方，人们相互交流，往来贸易，才组成了这个世界。就我们国家来看，南方靠船，北方靠车。人们翻山渡海，打通国内外贸易，使得京城一片繁华。

发明车船的人是多么伟大啊！

舟

1 漕船

运粮专用船。底平仓浅，粮食装得多，运输速度快。船底像地板，船身像墙面。上面是甲板和桅杆。竹篾制成的风帆好折叠，是控制航行速度的关键。

2 海船

元末明初运米的海船，叫“遮洋浅船”，小一点儿的叫“钻风船”。

3 浪船

又叫“天平船”，是江浙一带的日常交通工具。即使很小，也有窗户和卧铺。只要能保持平衡，载人运货两不误。

4 课船

运载税银的专用船。航行起来速度像快艇。船身狭长，有 10 多个舱，每个舱设一个铺位。通常有 6 把桨。

车

1 合挂大车

四轮骡马车，能运重达几千斤的货物。这种车最少也要 8 匹骡马拉。人站在车厢高处手执麻绳做的长鞭驾车。挥舞鞭子给车提速，吆喝声声让车停住。

2 南方独轮车

独轮车只靠一人推，坎坷路上保持平衡不容易。

3 北方独轮车

拉北方独轮车，有驴子来帮忙。驴子在前面拉，人在后面推。车上有顶棚，可以遮风雨。

现代车船

1 中国高铁

2016 年 7 月 15 日，两列中国标准高速动车组均以 420 千米 / 小时的速度在郑徐高速铁路上完成安全交会，标志着中国已全面掌握高铁核心技术。

2 破冰船

“雪龙 2” 号是中国第一艘自主建造的极地科学考察破冰船，光船身就有 120 多米长，船头、船尾都能破冰，甚至能在极区完成原地 360 度自由转动等高难度动作。

3 “无人驾驶” 汽车

汽车通过传感系统感知周围的道路环境，实现“无人驾驶”。

第十六章

佳兵

兵器

“弧矢之利，以威天下。”意思是说：武器的功用在于威慑天下。

商鞅变法之后，秦军拥有完善的军事制度、严明的军事纪律，以及先进的弩箭与战车，军事实力大大提升。

汉王朝使用的弩机都带有瞄准器。

永乐年间，明王朝组建了世界上最早的火器部队——神机营。

明嘉靖年间，戚继光带出了一支“十六七世纪东亚最强军队”——戚家军，拥有当时东亚最先进的武器装备——鸟铳、神威将军炮、佛朗机炮，还有鼎鼎大名的虎蹲炮。戚家军还发明了采用机械发火装置的地雷——自犯钢轮火。这也是世界上最早的自动引爆地雷。

兵器不应用来发动战争，但要用来保家卫国。手中无剑跟有剑不用是两回事。

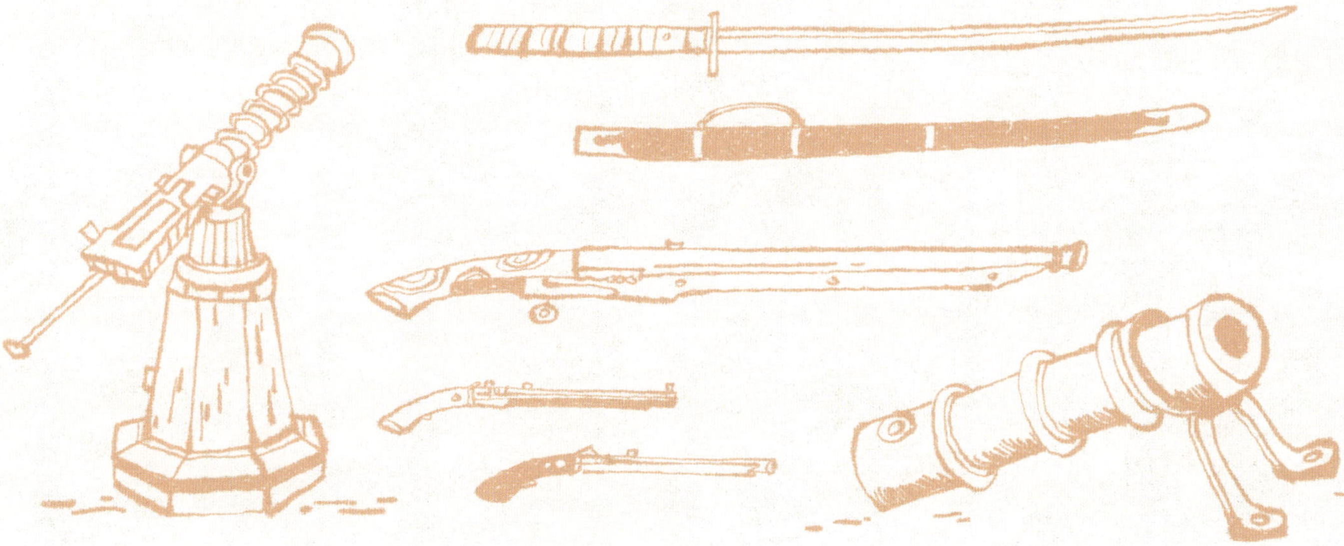

弓箭

1 制弓

竹子、牛角韧性好，制成弓的骨干弹性大，威力强。弓的两头是用榫卯结构连接的桑木，桑木上面刻缺口用来钩弦，设计巧妙。桦树皮包暖靶（拉弓时握弓之处），材料柔软手感好。

2 做弓弦

牛脊内有一条长长的筋，是适合做弓弦的材料。用水洗净、晒干，再浸泡，撕成丝状，缠合在一起做成的弦韧性好。

3 测试弓力

测试弓力像用一杆秤称东西。将重物挂在弓身上，弦拉满时推移秤锤，直到秤杆能保持平衡。看秤杆上的刻度就可以知道弓力大小了。

弩

1 弩

弩是防守的重要兵器，和弓相比，速度更快，穿透力更强。

2 连发弩

明朝就有神臂弩、克敌弩，同时可发 2 支至 3 支箭。还有一种诸葛弩，一次可装 10 支箭。

火器

1 **水雷**

火石和火镰做搭档，悬挂在包着火药的皮囊里，用漆料密封沉入水底，在岸上用一条引索控制，牵动引索，会自动点火，威力强大。火镰为铁制，形似镰刀。火石是一种可以产生火花的燧石。

2 **地雷**

竹管里穿着引线，埋藏在泥里，炸裂开来破坏力强。

3 **鸟铳**

鸟铳似步枪。装火药的铁管嵌在木托上，方便手握。鸟雀 30 步内中弹会被打得看不出原形，但距离 100 步，鸟铳的杀伤力就弱多了。

4 **炮**

无论是明朝制造的火炮，还是从欧洲引进的西洋炮，威力都很大，发射时的声音震天响。

百子连珠炮

将军炮

流星炮

神威大炮

5 **万人敌**

边旋转边爆炸的活动炸药包，是守城的重要武器，可敌万人。

我国目前拥有的高科技先进武器：

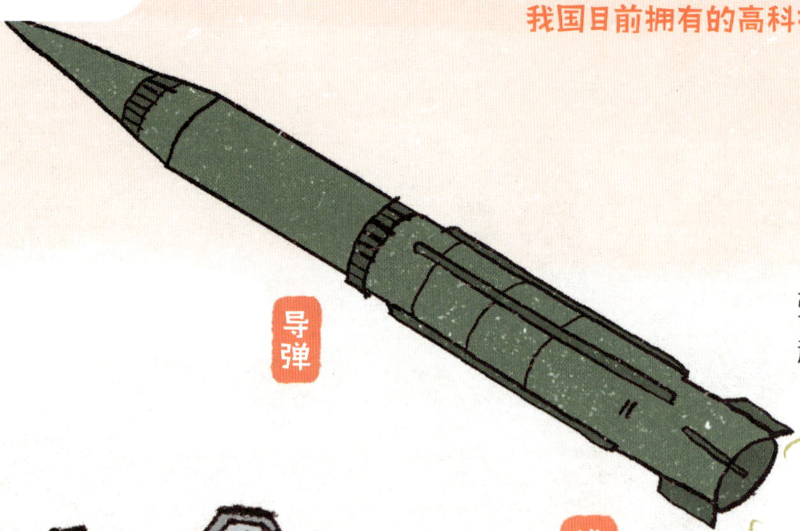

1 自带发动机的导弹

我国自主研发的东风-31、东风-41弹道导弹，都是自带动力发动机，可以穿越上万千米精准打击目标的高科技武器。

2 歼-20 战斗机

能隐身，能歼敌。歼-20 战斗机将担负中国未来对空、对海的主权维护任务。

3 05 式两栖步战车

车首有防浪板，车尾有喷水推进器，具有较强两栖作战能力。

4 核潜艇

核潜艇依靠核动力系统提供持久的动力来源。可以长时间在水下航行，不用频繁上浮补充能量。在隐蔽性和持久性方面具有较强优势。

第十七章

曲蘖（niè）

芳香四溢的酒

“明月几时有？把酒问青天。”仔细嗅嗅承载中华文明的诗词，说不定还能闻到酒香呢。

“祀天追远，沉吟《商颂》《周雅》之间。若作酒醴（lǐ）之资曲蘖也，殆（dài）圣作而明述矣。惟是五谷菁华变幻，得水而凝，感风而化。供用岐黄者神其名，而坚固食羞者丹其色。”

意思是说：祭祀祖先、亲朋好友聚会时都需要酒。要想酿造出酒，就必须有酒曲，这一点古代圣贤们已经阐述得非常清楚了。酒曲就是用五谷菁华，经过水提炼、遇风之后变化而来。药用的叫“神曲”，用作饮食、使食物呈现红色的叫作“红曲”。

春秋时期，人们不仅运用自然发酵法酿酒，而且发明了曲蘖酿酒技术，这些技术是科技史上的一大进步。

红曲

古代防腐剂——红曲

鱼和肉只要涂上红曲，即使是在炎热的夏天放置十几天也不会腐烂。

1 浸泡籼（xiān）米

籼米泡臭制红曲。把舂得非常细的籼米放在水里浸泡 7 天，变臭之后用流动的河水冲洗干净。

2 蒸饭

臭臭的籼米洗净之后上锅蒸。先蒸到半熟，淋冷水，摊凉，再上锅蒸熟。蒸熟的籼米变得香喷喷。

3 加曲种

热腾腾的籼米饭里拌曲种。几人一起迅速搅拌至冷却。等冷饭的温度又逐渐升高，说明曲种开始工作了。淋一次明矾水，分装进用竹篾编的容器里，摆上架子通风。

4 翻拌曲饭

曲饭变红曲，保持翻拌很重要。不分昼夜连续 7 天，每 2 小时翻 3 次，曲饭会从雪白变黑色再转为褐色，由褐色变成红褐色、红色，到最红的时候又会微带黄色。这样的红曲价值和功效为最高。

（制曲一定要勤洗手，保持环境卫生，一旦有一点儿脏东西掉到曲饭里，制曲就失败了！）

现代酿白酒

1 蒸煮粮食

好粮食酿好酒。选颗粒饱满的谷物作为原材料，放进锅里先蒸熟。

2 拌入酒曲

将蒸熟的粮食摊开晾温后拌入酒曲，放入泥窖并隔绝空气，进行充分发酵。

3 蒸馏出好酒

发酵好的粮食继续加热，收集蒸汽。冷却后的蒸汽就变成了香气四溢的白酒。

俗话说：酒香不怕巷子深。可见好酒的香气是多么浓郁。

第十八章

珠玉

漂亮的珠宝

“玉韫山辉，珠涵水媚。此理诚然乎哉，抑意逆之说也？大凡天地生物，光明者昏浊之反，滋润者枯涩之仇，贵在此则贱在彼矣。合浦、于阗，行程相去二万里，珠雄于此，玉峙于彼，无胫而来，以宠爱人寰之中，而辉煌廊庙之上，使中华无端宝藏折节而推上坐焉。岂中国辉山媚水者，萃在人身，而天地菁华止有此数哉？”

意思是说：藏着玉石的山光彩熠熠，藏着珍珠的水明艳秀丽。这到底是本来就有的自然规律，还是人们的主观猜测呢？一般来说，自然界的事物总是光明与昏浊相反，滋润与枯涩对立，贵在这个方面贱则在那个方面。合浦、于阗相距二万里，广西合浦产珍珠，新疆和田盛产玉。它们被运到各地很快受到人们的喜爱，在宫廷里焕发光彩，甚至使中华无数宝藏都降低了身价，被推为珠宝之首。在广袤的中华大地上，精华宝物难道只有戴在人身上的珍珠和玉石这两种，没有其他的？

中国玉器的诞生，距今约有 9000 年的历史。夏商周时期，玉的应用十分广泛。据说周文王曾用珍珠装饰发髻。秦汉之后珍珠饰品逐渐多了起来。

珠宝不仅是生活中的装饰点缀，更是一场场盛世繁华的见证。那么勤劳聪明的古人是如何得到它们的呢？

珍珠

潜水捞珍珠

1 系上长绳下水

潜入水下捞蚌壳，珍珠产自蚌壳内。人们乘坐采珠船出海，采珠人身上系长绳，戴上长长的呼吸管，潜入水下捞蚌。

2 抛扔草垫抵御旋涡

海上遇到旋涡不要慌，扔出准备好的草垫来抵挡。草垫可以破坏水流的涡旋运动，这样船就不容易被卷入水中了。

3 摇动绳子上船

水下采珠人一摇绳，船上搭档要第一时间往上拉。采珠人一上船，要立即用加热了的毛织物裹住身体来保暖，否则身体失温风险大，严重的时候会危及生命。

扬帆捞珍珠

新式捕捞装置好，减少伤亡最重要！宋朝的一个官员发明了一种捕捞网，用铁做成耙子状的框架，四周套上网袋。坠上石头使它可以沉入水底。船扬帆起航，铁耙就会把蚌壳耙起捞入网中了。

宝石

1 下井采宝石要注意危险气体

宝石矿井深，危险气体要当心。宝石矿井中有时会弥漫着像雾一样的有害气体，吸入过量会中毒身亡。

2 团队协作捡宝石

宝石虽珍贵，生命安全第一位！下井人腰间系长绳，挂上两个口袋和救命铃。捡宝石速度要快，一旦感觉不舒服，立刻摇响铃铛，上面的伙伴便会马上把下井人拉上去。

3 琢工锉宝石

要想知道玉石好不好，得靠琢工师傅锉开宝石表面才知道。

玉

1 河中采玉

夏天捞玉时机好。好的玉石并不藏在深土里，而是在水流湍急的河里。直接去捞很危险，所以采玉一般要等夏天，河床水位升高，玉石被冲到下游水流平缓处好打捞。

2 琢玉成器

铁盘剖玉，铁刀雕琢，制成精美玉器。脚踏板连接横穿铁盘的横轴，铁盘下放一个装有水和砂的盆子。剖玉的砂细得像面粉，用来剖玉几乎没损耗。一边脚踩踏板让铁盘转动，一边添砂剖玉。最后再用镔（bīn）铁刀精雕细琢成玉器。（镔铁：精炼的铁。）

培育珍珠

今天我们已经可以大量培育珍珠了。

1 挑选育珠蚌

要想珍珠大又好，挑选育珠的蚌很重要。只生长了一两年的未成年的蚌，壳大结实，最适合。

2 人工开蚌送“礼物”

用工具把蚌壳微微撑开，把制作好的珍珠核和细胞小片小心翼翼地放进蚌里，蚌会不断分泌珍珠质，包裹异物，形成珍珠。